人文因素影响下沿海河岸地区生态安全时空测度与调控研究

王 耕 著

教育部人文社科规划基金项目（13YJA790111）
资助
教育部共建人文社科重点研究基地项目（15JJD790039）

科学出版社

北 京

内 容 简 介

本书从人海互动关系视角分析了沿海河岸地区生态安全的时空测度与调控,并以辽宁沿海河岸地区为典型区进行了实证分析。本书首先简要概述了人海相互作用和人文因素对沿海河岸地区的作用机制,并介绍了多种生态安全时空测度方法。基于 OWA-GIS 进行辽宁黄海沿岸地区生态安全评价:采用 CA-Markov 模型模拟大连旅顺口区和普兰店区生态安全时空演变,借鉴 P-S-R 模型和定量评价方法分析了 2005~2015 年辽河流域人文因素对生态环境的影响;基于人海关系的 P-R-E-SE 模型,通过计算得出2001~2014 年辽宁沿海各地级市 ESI 的演变趋势;最后利用系统动力学仿真模型模拟出 2011~2030 年辽宁沿海各市的生态环境状况及生态安全协调度。

本书可供环境科学、生态学、地理科学、灾害学、安全科学等学科的高年级本科生、研究生以及从事上述相关专业的教学、科研人员学习和参考,同时也可为沿海地区政府经济、环保公务人员提供决策参考。

图书在版编目(CIP)数据

人文因素影响下沿海河岸地区生态安全时空测度与调控研究/王耕著.
—北京:科学出版社,2018.11
ISBN 978-7-03-058524-0

Ⅰ.①人… Ⅱ.①王… Ⅲ.①海岸线–生态安全–研究 Ⅳ.①X321

中国版本图书馆 CIP 数据核字(2018)第 187051 号

责任编辑:张 震 孟莹莹 / 责任校对:赵桂芬
责任印制:师艳茹 / 封面设计:无极书装

科学出版社 出版
北京东黄城根北街 16 号
邮政编码:100717
http://www.sciencep.com
文林印务有限公司印刷
科学出版社发行 各地新华书店经销
*
2018 年 11 月第 一 版 开本:720×1000 1/16
2018 年 11 月第一次印刷 印张:14
字数:280 000

定价:99.00 元
(如有印装质量问题,我社负责调换)

前　言

　　随着经济发展水平的提高，城市化与工业化进程的加快，人口数量不断增加，人类活动频繁，人类以前所未有的规模和强度在影响着其赖以生存的生态环境。人类对自然环境一味地索取，在享受自然环境带来的物质财富的同时，其不合理的活动却会带来一系列的生态安全问题。这使得人地关系矛盾日益加剧，环境污染、资源短缺、土地退化等问题日益凸显。人海关系是人地关系的重要组成部分，人海关系也就是人类活动和海洋环境的相互作用，包括人类生产生活活动对海洋环境的影响和海洋对于人类的影响两方面。在我国，沿海地区往往是经济发展较为迅速的地区，这里工业发达、人口密集、城市化程度较高，人类活动更加频繁，污染更加严重，对生态环境造成的威胁也就更大。如果人类对海洋环境资源的过度或不合理利用超过了海洋生态环境所能承受的"生态阈值"，就会导致生态环境的结构功能发生变化。而任何生态结构的变化，反过来又会对人类的经济活动产生直接或间接的影响，正如习近平总书记所说的"生态兴则文明兴，生态衰则文明衰"。当前，生态安全早已被纳入国家安全体系之中，与国防安全、军事安全、经济安全、文化安全等同等重要。党的十九大报告中指出，"建设生态文明是中华民族永续发展的千年大计。必须树立和践行绿水青山就是金山银山的理念，坚持节约资源和保护环境的基本国策，像对待生命一样对待生态环境"。保障和维护国家及区域的生态安全，不仅是生态环境保护的首要任务，也是每个公民的责任和义务。

　　作为经济发展的桥头堡，沿海地区生态安全问题更应得到重视，应早日解除沿海地区生态安全的诸多威胁。辽宁海岸带又称为辽宁沿海经济带，是我国北方地区中发展基础较好的区域，2009 年 7 月 1 日，国务院批准了《辽宁沿海经济带发展规划》，标志着辽宁海岸带发展规划成功被纳入国家性的发展战略中，其规划期为 2009 年至 2020 年。辽宁沿海地区人口密集，人均资源拥有量匮乏，随着该地经济的迅速发展，城乡生活方式极大改变，水土资源需求量增加，生态环境质量持续下降。据不完全统计，近年来辽宁省因生态灾害、土地退化、环境污染以及外来物种入侵等危害造成的年均经济损失达 140 亿～200 亿元，相当于同期全省国内生产总值的 3.5%～5%。辽宁沿海地区是东北地区重要的经济命脉，其生态安全对于东北经济增长战略的实施起着关键性作用。在该地的开发建设中，务必要确保该地的生态安全，这将对提高生态承载力、降低发展成本和振兴东北经济起着至关重要的作用。

　　本书根据辽宁沿海地区生态安全特点，借鉴海洋地理学人海（地）地域关系理论、生态系统理论、海洋社会学及地缘政治经济理论，结合海洋安全战略发展与生态安全研究进展，从人类生活安全（P）、资源安全（R）、环境安全（E）和社会经济安全（SE）四个方面提出 P-R-E-SE 框架，建立基于 P-R-E-SE 框架的人口、资源、环境、社会经济四个子系统，着重剖析影响辽宁沿海地区生态安全的人文因素，重点阐述辽宁沿海地区生态安全的驱动力及导向因素，总结其生态安全特征，对辽宁沿海地区的生态安全状况进行分析与调控。

　　全书由王耕负责项目整体设计、大纲制定和审定，并进行统稿工作。本书研究过程中得到辽宁师范大学杨俊教授、孙康教授的悉心指导；大连交通大学田颖教授给予了充分的指导和支持；辽宁师范大学 2017 级自然地理学专业研究生常畅和辽宁师范大学 2017 级环境科学专业研究生于小茜在全文的统稿过程中进行了文字校正工作。此外，还要特别感谢本书引用的众多文献的作者，本书能够问世建立在他们多年科研积累基础之上，每一点进步都离不开他们众多学术成果的启迪与借鉴，在此我代表项目组对他们的帮助表达诚挚的谢意。

　　本书是我与项目组成员多年来从事环境科学与区域生态安全研究成果累积形成的，部分成果曾在国内公开发表，并得到国内一些学者的关注与好评。由于时间仓促和水平所限，本书诸多观点和内容可能还不够成熟，难免存在不足之处，敬请读者批评、指正和鞭策，以便我们在本书修订、再版以及今后学术研究中不断进步。

王　耕
2018 年 4 月 21 日于辽宁大连

目　　录

第1章 绪 论

1.1 研究背景与意义

1.1.1 研究背景

20 世纪中叶以来,随着工业化与城市化进程日益加快,社会经济迅速发展,人民生活水平大幅提升。人类以前所未有的强度与规模改造自然以满足自身需求的同时也对自然生态系统造成严重的干扰,环境污染、资源短缺、土地退化、物种减少等问题凸显,改变了生物地球化学循环、水循环等系统,致使生态系统的结构和功能受损、系统的生态服务功能下降、生态系统健康水平降低……日益严重的全球生态环境问题已经成为经济社会发展的瓶颈,也威胁人类自身的健康生存,这迫使人们达成"可持续发展"的共识,生态安全问题也成为国际社会关注的焦点问题。资源短缺与环境质量退化可能会引发地区冲突,形成新的国家安全隐患。生态安全也是国家安全的重要组成部分,被视为非传统安全的威胁之一。美国在 1997 年就将生态安全上升到国家战略的高度(Pirages,1997);2000 年,国务院颁布的《全国生态环境保护纲要》也明确将"国家生态环境安全"提到了战略的高度,党的十八大报告中也明确指出要"大力推进生态文明建设",生态安全问题也将继续成为我国未来迫切需要解决的战略问题。

人类的活动对整个地球产生了深远而深刻的影响,如全球禁用双对氯苯基三氯乙烷(dichlorodiphenyltrichloroethane,DDT)数十年后,在南极生存的企鹅体内仍可检测出过量的 DDT。而大自然也以其特有的方式对人类的行为作出响应。近年来,地质灾害频发,暴雪、暖冬、沙尘暴等极端天气频现,全球气候反常现象已发人深思。而 2011 年日本地震之后的福岛核泄漏及 2010 年 7·16 大连新港石油爆炸带来近乎毁灭性的灾难,更令人胆寒。特别是 2013 年年底,北京、河北等地区出现了长时间的雾霾天气,而后波及全国七分之一国土,我们呼吸着刺鼻的空气感叹"还我一片蓝天"的同时也深思:这究竟是天灾还是人祸?在自然灾害面前,人类感受到自己的渺小与无力,这也迫使人类重新审视自己的行为以保护生态环境、促进人地关系和谐、实现可持续发展。因此,在全球气候变化、环境污染、生态失衡的大背景下,区域生态安全研究已经成为生态学、环境科学等相关学科研究的重点课题。

1.1.2　研究意义

在世界范围内竞相开发海洋的热潮下，随着人口日益向沿海地区集中，沿海地区经济的迅速扩张对生态环境造成的威胁愈演愈烈，沿海地区享受经济先行地位的同时也遭受着"高处不胜寒"的危机，和谐海洋建设面临着诸多安全问题与挑战。沿海地区是经济发展最迅速及最有发展潜力的地区，是对外开放的重要口岸，也是重要的滨海湿地、自然保护区的富集区。沿海经济带的建设及实施加速了区域城市化进程，城市化也是社会经济发展的必然结果，而城市化建设改变了区域本底景观面貌，沿海地区的景观格局发生了显著的变化，这必然导致整个生态系统结构与功能发生变化，从而影响地区生态平衡。中央城镇化工作会议中提出：城镇化要让城市融入自然，让居民看得见山、看得见水。在城市化发展中必须妥善处理人地（海）之间日益尖锐的矛盾，确保在社会经济发展的同时也能够最大限度地修缮生态环境。生态系统是自然-经济-社会复合的复杂系统，它受诸多因素的影响，各因子对整个系统的作用强度也不同。如缓发性的因素会使生态安全水平在一定范围内波动，而突发性的因素（如灾害）会使整个系统安全状态在顷刻间发生突变。因此，开展沿海地区生态安全的研究对区域未来发展具有重要的现实意义。

1.2　生态安全研究进展

1.2.1　国外研究进展

在国外，20 世纪末发达国家进行环境管理的目标和观念发生了转变，生态安全的概念也应运而生（范谦等，2004）。生态安全的概念一经提出，便受到国际政界和学术界的空前关注，特别是美国将环境问题视作其外交政策的核心部分之一，俄罗斯将生态安全看作其国家安全的重要部分。对于生态安全的具体定义，国外学术机构、专家学者从不同层面来进行阐述。其中，1989 年国际应用系统分析研究所（International Institute for Applied Systems Analysis，IIASA）从人类开展社会活动的基本需求的视角，如健康、社会秩序及适应环境能力等不被损害方面，将生态安全定义为一个涉及自然、社会和经济各方面的复杂人工系统（肖笃宁等，2002；方创琳等，2001）；Myers（1994）强调生态安全是牵涉地区性资源争夺和世界性生态恶化及其对经济社会影响的重要命题；Rogers（1997）将生态安全视为寻求一种在满足社会经济发展对自然环境需求的同时能保证自然资源不被削减的可持续的发展途径；Pirages（1997）将生态安全看作一种基于人类社会与自身、人类社会外部环境要素如其他物种、微生物及环境可持续容量与承载力等协调基础之上的概念。

在 20 世纪 40 年代，国外就初步开展了对生态安全的研究（王彦双，2013）。1941 年学者 Aldo Leopold 提出了土地健康的概念并对土地健康进行了评价（刘秋波，2014）。"二战"后资本主义国家认识到战争对生态环境的破坏，开始大力恢复生态环境。1977 年，莱斯特·R. 布朗首次提出将环境变化的含义引入安全概念，并在 1981 年出版的著作《建立一个持续发展的社会》中提出了人与自然间的关系变化所引起的安全威胁大于国与国之间的关系变化引起的安全威胁的相关观点（莱斯特·R. 布朗，1984）。20 世纪 80 年代初期，影响国家的非军事意义上的安全问题开始引起相关专家学者的重视。关于新的安全概念的研究增多，相关专家学者主张将安全概念引入环境研究中（Harvey，1988；Mathews et al.，1989）。1990 年，经济合作与发展组织（Organization for Economic Co-operation and Development，OECD）首次提出"压力-状态-响应"的模型，针对生态环境各指标开展了研究（王耕，2012）。2000 年，美国召开全球化与生态安全会议，将全球生态安全作为会议中心议题（王耕，2012）。2009 年，中国国际问题研究基金会和国际生态安全合作组织共同主办全球国际生态安全合作年启动仪式，展开了国际生态安全合作研究（王耕，2012）。2010 年，国际生态安全合作组织与亚洲政党国际议会、柬埔寨王国皇家政府共同主办首届世界生态安全大会，60 多个国家围绕"和平发展与生态安全"这一大会主题展开了深入讨论（王耕，2012）。从国外研究发展的先后顺序，可分为四个阶段：①安全概念的扩展（20 世纪 70 年代末）；②环境变化与安全的经验性研究（20 世纪 90 年代初）；③环境变化与安全的综合性研究（20 世纪 90 年代后期）；④环境变化与安全内在关系的研究（21 世纪初），这一阶段的研究已进入环境变化与安全内在关系的探讨，并且深入影响环境安全的具体因素（劳燕玲，2013）。从研究内容来看，国外研究主要集中在土地生态健康及工程生物的生态安全、全球气候变化、灾害、海岸带开发与管理等方面（姚佳等，2014）。通过长期的国际合作研究，国外对生态安全普遍达成共识：生态安全问题主要集中在人口持续快速增长的发展中国家和贫困边缘化的国家；资源能源质量和数量不断减少的过程正是灾害和冲突爆发不断增多的过程；生态安全没有地域、不分国家，任何一个地区的生态安全都有可能引发全球性生态危机，生态安全有"蝴蝶效应"；环境压力与生态安全不是因果关系，而是"共振"关系（欧维新等，2014）。国外已经针对沿海地区生态环境问题展开了广泛的研究，主要集中在全球气候变化、海平面上升等对海洋资源开发、渔业发展、海洋灾害等的影响及人类开发利用对沿海生态安全造成的威胁、海岸带开发与管理方面。如 Virginia（2011）分析了全球气候变化对沿海及近岸地区的石油和天然气资源开发的影响；Cinner 等（2012）与 David 等（2010）从不同的角度探索沿海地区气候变化对珊瑚礁的影响；Ahmed 等（2013）从社会经济与生态的视角研究了孟加拉国气候变化对沿海以及虾和渔业养殖的影响；而学者 Griffin 等分析 2004 年印度洋海啸对沿海资源、生境的影响（Ahmed et al.，2013）。同时从土地利用方式及景观格局转变的角度来探讨生态环境变化的研究也有涉及，如 Iago 等（2013）以加泰罗尼亚地区为例分析地中海地区全球变化背景下生态遗产及景观多样性的保护。

1.2.2　国内研究进展

我国有关生态安全的研究起步较晚，生态安全问题的提出基本上始于 20 世纪 90 年代后期，主要背景有三：一是国内生态环境恶化，生态赤字膨胀，自然灾害加剧。如 20 世纪末连续出现的特大洪灾和急剧扩大的荒漠化，以及我国成立中国国际减灾十年委员会等机构。二是我国西部大开发的生态环境保护和建设问题。作为我国江河水源保护区的西部，脆弱的生态环境引起人们对西部大开发的普遍关注。三是俄罗斯和一些西方国家关于生态环境安全的理论与实践在我国产生的反响。生态安全从 21 世纪以来得到关注，成为相关科学研究中关注的焦点，2000 年国务院发布了《全国生态环境保护纲要》（国家环保总局，2000），纲要中首次明确提出"维护国家生态环境安全"的目标，将生态安全上升至国家安全的大范围中。自此，生态安全得到越来越多的专家学者的关注，尤其是生态脆弱、人类活动频繁的海岸带（沿海地区）生态安全研究领域。

与国外相比，我国的生态安全评价研究起步虽然较晚，但发展迅速。从地域上看，我国生态安全评价研究大体集中于两类地区：一类是生态脆弱区，包括青藏地区南部、黄土高原地区及新疆、内蒙古等西北干旱区的荒漠与绿洲交错地带。如冯永忠（2006）对三江源地区的生态环境演变进行分析，并利用生态系统能量守恒定律将影响生态环境演变的自然因素与人文因素相分离；王丽霞和任志远（2005）以山西大同市为研究对象，分析了黄土高原边缘地区的生态安全状况；张青青等（2012）分析了玛纳斯河流域山地-绿洲-荒漠不同生态系统存在的生态问题，并且对各系统的生态安全状况作出评价；朱晓丽等（2012）从生态安全的视角对甘南藏族自治州高寒牧区的生态承载力进行评价。另一类是人类干扰强度与开发力度大的地区，包括小尺度以城市为研究单元的生态安全评价、中尺度以区域、流域等为空间尺度的生态环境分析，如沿海地区特别是海岸带、海岛地区、湿地等。如杨青生等（2013）以广东东莞市为例探索快速城市化背景下城市景观生态安全格局时空演变过程及规律；黄宁等（2012）从景观生态学的角度出发研究 1987~2011 年厦门市海岸带景观生态格局演变，并分析了由景观格局变化引起的生态系统结构、过程变化对生态安全的影响；王耕等（2010，2012）从灾害的视角基于隐患因素对辽河流域生态安全演变机理进行分析，并应用系统动力学方法对其生态安全状况作出评价，同时还探讨了辽宁双台河口湿地生态安全时空演变规律。近年来沿海地区人海矛盾日益尖锐，也有学者对海岛、海岸带等沿海地区的生态状况进行了评价研究，主要方向包括海岸线变迁的生态效应研究（张景奇，2007；樊建勇，2005），沿海地区土地利用变化及景观格局动态演变（高宾等，2011；左丽君等，2011；刘锬等，2013），城市化扩展对沿海生态安全的威胁及生态风险评价研究等（马金卫等，2012）。从评价指标体系来看，目前国内生态安全评价中广泛使用的指标体系还是由经济合作与发展组织（OECD）提出的压力-状态-响应（P-S-R）模型，随后左伟对 P-S-R 模型体系进行了扩展，形成驱动力-压力-状态-响应模型（左伟等，2003）。而王耕（2013）在深入剖析影响生态安全演变因素的基础上，分析大气圈、水圈、岩石圈、生物圈及人类圈五大圈层的隐患因素与结构，提出了"隐患-状态-响应"模型。从评价方法的角度来看，目前生态安全评价的方法主要包括综合指数法、模糊数学法、景观生态学方法、生态足迹法及系统动力学方法等，特别是遥感与 GIS 的应用为生态安全评价研究开辟了新的路径。如周文华和王如松（2005）利用综合指数方法对北京市 1996~2002 年的生态安全时空演变进行分析；王耕等（2014）对传统的生态足迹方法加以改进，基于能值-生态足迹模型对辽河流域生态安全状况进行评价，并探索其时空演变规律；李华（2011）借助系统动力学模型模拟仿真了崇明的生态安全状况等。

1.3　小　　结

随着工业化与城市化进程步伐加快，社会经济快速发展，人民生活水平的大幅提升，人类为满足自身需求，以前所未有的强度与规模改造着自然，这同时也对自然生态系统造成严重的干扰，环境污染、资源短缺、土地退化等问题凸显。沿海地区是经济发展最迅速及最有发展潜力的地区，沿海经济带的建设加速了城市化进程，而城市化建设改变了区域的景观格局，这必然导致整个生态系统结构与功能发生变化，从而影响地区生态平衡。因此，开展对沿海地区生态安全的研究对区域未来发展具有重要的现实意义。国外相关研究开始于 20 世纪末，而国内研究起步较晚但发展迅速。

第2章 沿海生态安全机理与方法

2.1 人海关系概念及其作用机理

2.1.1 人海关系的基本内涵

人地关系历来是地理学的研究核心。19世纪德国著名地理学家卡尔·李特尔在其《地学通论》中指出"自然的一切现象和形态对人类的关系乃是地理学的中心原理";1964年,地理学家 William D. Pattison 提出空间、区域研究、人地关系和地球科学四大地理学传统。地球是由陆地和海洋两大系统构成的巨系统,两者共同构成人类社会生存和发展的自然环境,并与其发生复杂的相互作用。虽然现有的人地关系研究中,很少有突出海洋结构和功能的(有的学者甚至把人地关系定义为人口资源、土地资源及其相互关系,或人类需求与耕地资源之间的关系),但不能否认人地关系天然地包涵着两方面,即人类活动与陆地环境之间的关系和人类活动与海洋环境之间的关系(刘桂春,2007)。当然现实中两者之间并无明确的界限,它们在一定程度上彼此交叉和渗透。但毕竟海洋环境与陆地环境有很大的不同,在人类对海洋的认识和开发日益深入和强化的今天,有必要突出关注人类活动与海洋环境的相互作用,我们可称之为"人海关系"。在此关系中,一方面表现出人类生产生活活动对海洋环境变化的干预,另一方面反映出海洋对于人类发展的影响。因此,人海关系是人类活动与海洋环境相互影响、制约的关系,形成了复杂的人海关系地域系统。以一定区域为基础的人海关系系统就是人海关系地域系统,是"扩大了的人地关系地域系统",是海洋人文地理学研究的核心(张耀光等,2006)。目前在我国人海关系相关研究中,大多集中于人文地理学的研究,例如海洋经济地理、海洋地缘政治与地缘经济、海洋文化等,代表人物有吴传钧(1991,1997,1998)、韩增林(2001,2003,2004)、张耀光(2006)、栾维新(1998)等。

地球上的生命起源于海洋,作为地球上最高级智能动物——人类,自诞生之日起就与海洋息息相关,且随着文明的进步,人类与海洋愈加密不可分。简单地讲,人海关系就是人类与海洋的关系,是人地关系的天然组成部分。它是人类活动与海洋(资源、环境、灾害等各种要素结构)之间互感互动的关系。一方面反映海洋对人类生活的影响与作用,另一方面表达了人类对海洋的认识与把握,以及两者在相互作用过程中的彼此响应和反馈。人海关系随着人类开发利用海洋的历史进程而发展,随着社会生产力的提高,人类认识、改造和干预海洋环境的能力也不断增强,人类社会与海洋环境之间物质、能量和信息流动的深度和频度都在加强，人海关系也随之向广度和深度发展（刘桂春，2007）。人海关系可以理解为一种"具有社会历史特征的辩证关系"（吴传钧等，1997），所以人海关系还应该包涵以海洋为背景的人与人之间的关系。人与人的关系和人与海洋的关系两者之间是辩证统一的。人与海洋的关系制约人与人的关系，人与人的关系一定程度上反映人与海洋关系的状态。人与海洋相互作用构成一个巨系统，即人海关系系统，它是海洋环境系统与人类社会系统这两个子系统相互联系而构成的一个规模庞大、空间广阔、时间漫长、结构复杂、要素众多、功能综合的巨系统，也就是人与海洋相互影响、相互作用的整体（刘桂春，2007）。

2.1.2　人海关系地域系统特征

人海关系地域系统就是以某一海洋环境（主要研究的是海岸海洋系统）的一定区域为基础的人海关系系统，也就是人与海洋两方面的要素在特定的地域内按一定的规律交织在一起，相互关联、相互影响、相互制约、相互作用而形成的一个具有一定结构和功能的复杂系统。它具有复杂系统的所有共性，同时也具有海洋因素影响下产生的特性（刘桂春，2007）。人海关系地域系统具有系统的一般特征，如结构性、功能性等，同时也有人地关系系统的一般特征，如不对称性或称单向依附性。除此之外，人海关系地域系统还有以下特征：①地域性。地域性又称区域性，它是地理学、地理事象的根本特性。人类社会活动（政治、经济、文化、制度、科技等）的空间差异和海洋环境的空间差异，共同决定了人海关系在不同地域有不同的表现形式，即地域性。换言之，组成两个子系统的各种自然、人文要素都具有地域差异，每个地域都有它独特的要素组合，即各自功能和结构独特的人海关系动态系统。②复杂性。人海关系地域系统的复杂性一方面源于其组成要素、属性、功能、结构以及运动形态的多样性，即其自然禀赋复杂性；另一方面体现在认知复杂性，即人海关系系统这一客体对于认识主体人类来讲，很难被清晰透彻地认识和理解。③开放性。人海关系地域系统的开放性首先是由它的系统本质所决定的。任何一个复杂巨系统都具有开放性，人海系统与系统外部大环境之间必须进行物质、能量、信息的交流，保持"耗散结构"。除此之外，人海关系地域系统还有动态关联性、脆弱性、恢复性、适应性和风险性等（刘桂春，2007）。

2.1.3　人海地域系统空间相互作用机理

人海关系是人地关系的重要组成部分，人地关系大系统包括陆地地域系统和海洋地域系统。其中，海洋地域系统包括海洋文化地域系统、海洋经济地域系统和海洋生态地域系统，其存在的基础是人与海洋之间的相互作用关系（俞金国等，2009）。海洋地域系统是指社会个体的人及由人组成的人类社会与海洋及海洋所影响的环境之间的相互制约、相互作用的关系总和。海洋地域系统及其子系统的形

成和演化均受制于人海地域空间相互作用关系，人与海洋之间的相互作用关系是
通过人类活动（具体地说，是通过人类作用于海洋的活动）和海洋反馈反映出来
的。人类活动包括个体的人从事的活动和社会的人从事的活动，个体的人存在个
性、生理和行为偏好等差异，因此个人通过活动作用于海洋只是微观、局部的，
差异很大，难以把握；社会的人在一定时期和地域具有社会共性特征，他们的活
动作用于海洋具有宏观性、区域一致性，活动内容包括农业生产、工业生产和消
费活动等。海洋是由海水组成的广阔水域，有丰富的矿产资源和能源等；海洋的
存在不是孤立的，而是与周围其他因子（如太阳、大气和陆地等）相互作用和相
互影响，并构成海洋环境（俞金国等，2009）。人类与海洋之间相互作用是通过信息、
能量与物质的交换实现的，信息、能量与物质是联系人类与海洋的纽带和桥梁。一
方面，人类的生产活动需要从海洋中获得能量与物质，同时通过消费活动将废弃物
排放入海；另一方面，海洋可以为人类提供各种能量与物质，同时也会产生海啸等
海洋灾害威胁人类生存。人类社会的持续发展要从海洋中索取能量与物质，海洋所
提供的能量与物质的多少，与海洋自身、人类社会生产力水平相关（俞金国等，2009）。

2.2　人文因素及其对沿海地区的影响机制

2.2.1　人文因素的基本内涵

　　人文因素包括社会因素和文化因素两大类。社会因素一方面包括因历史因素
遗留下来的时代因素、民族因素、地域因素，这些因素比较稳定，不是经常变化
的；另一方面是社会因素中最活跃的也是经常变化的因素，包括人的习俗性格、
宗教信仰、文化素养、审美观念等。凡属于意识形态方面及非物质技术方面的内
容都属于文化因素范畴，如制度（如礼制）、宗族还有艺术方面的小说、诗歌、绘
画、音乐、戏曲、雕刻、装饰、装修、服饰、图案等都属于文化范畴。这些经常
变化和不经常变化的人文因素相互作用形成一个整体，构成人类生活于其中的人
文环境。沿海地区是人文活动最活跃的区域之一，根据国际社会科学理事会
（International Social Science Council，ISSC）的报告，第二次世界大战以来，影响
沿海海域生态环境变化的纯粹自然力作用趋于衰减，人类的活动力作用日渐增强，
因此人类活动对沿海地区的作用及影响是本章探讨的人文因素的核心。

2.2.2　人类与自然的关系

1. 人与自然的统一

　　自然界是人的"无机身体"，马克思的自然概念包括自在自然和人化自然两

个方面。前者是指人类历史之前的自然，也包括存在于人类认识或者实践之外的自然；后者是指与人类的认识和实践活动紧密相连的、作为人类认识和实践对象的自然。马克思曾说过："人并没有创造物质本身。甚至人创造物质的这种或那种生产能力，也只是在物质本身预先存在的条件下才能进行。"（黄秀玲等，2004）也就是说，他的人与自然关系理论不是片面强调某一方面，而是始终追求人与自然的和谐统一关系。一方面，自然是人类的无机身体，人类依赖着自然而生存；另一方面，人类自身就是自然界的产物，人类自身的一切都具有自然属性。人是自然界发展到一定历史阶段的产物，人和自然界是不可分割的，人类要生存和发展，就必须不断地与自然界进行物质、能量、信息的交换（格日乐，2010）。

　　2. 人与自然的斗争

　　人与自然的斗争主要表现为人与自然之间的征服和被征服。这一关系是随着人类认识自然和改造自然的水平和能力逐步提高而出现的。随着人类对自然的认识逐步提高，尤其是科学技术的出现，人类不但认识许多自然规律，而且能够利用自然规律，并在很多方面取得了改造自然的胜利（格日乐，2010）。但由于人类对自然的认识在很多方面还不完全、不彻底，在利用自然、改造自然的过程中，会使自然环境和自然生态系统遭到破坏，可能会遭到自然的报复。

2.2.3　人类活动对海洋环境的影响

　　生态环境结构变化对人海关系地域系统的制约是客观存在的。每个生态系统的自我调节能力都有一个限度，对于一些不可再生的资源，生态环境也有一个供给限度。当人类对环境资源的过度或不合理利用超过了生态环境所能承受的"生态阈值"时，必然导致生态环境的结构功能发生变化（刘桂春，2007）。而任何生态结构的变化，反过来又会对人类的经济活动产生直接或间接的影响。人类在原始社会时期就已经开始学习从海洋生态环境中获得食物，随着社会进步，人类已经在向海洋索取陆地生态环境需要的一切生命支持和生态服务，与此同时，人类不断向海洋中排放自己生产生活活动过程中产生的废弃物。海洋生态环境自身有一定的恢复力，它是一种在外部干扰下保持其原来组织结构的能力，恢复力的大小是随时间变化而变化的。一旦索取和排放超过了海洋所能承受的最大限度，即生态环境阈值，整个海洋环境系统就会进入结构变化阶段，有的甚至是永久性无法恢复，并且可能最终走向崩溃（刘桂春，2007）。因此，在海岸带生态环境的变化过程中，人文因素（人类活动）的参与有着不容忽视的作用。

2.3 沿海河岸生态安全时空测度方法

2.3.1 综合指数法

综合指数法是在生态安全评价中使用最广泛的方法，是在确定一套合理的指标体系的基础上，对各项指标个体指数加权平均，计算出指标综合值，用以综合评价生态状况的一种方法。即将一组相同或不同指数值通过统计学处理，使不同计量单位、性质的指标值标准化，最后转化成一个综合指数，以准确地评价区域生态安全的综合水平。该方法便于横向和纵向对比分析，还要考虑多个影响因子之间的协同效应，即多个影响因子同时存在时将会加重影响程度。另外，此方法中的各影响因子对综合指数的贡献相等，即各影响因子在相同危害及安全程度下的指数相等。综合指数法简明扼要，且符合人们所熟悉的环境污染及环境影响评价思路，其不足之处在于如何明确建立表征生态环境质量的标准体系，而且难以赋权与准确计量。近年来，国际社会上兴起一种基于模糊决策分析原理的生态安全评价方法（刘彦随，2006），并在区域尺度的许多典型地理区域得到广泛应用。如美国农业部森林局和美国土地管理局在 1996 年组织实施了哥伦比亚河盆地生态评价，获取了关于该地区的生态系统管理框架和综合科学评价等成果。

2.3.2 生态模型法

近年来，将生态模型运用到生态安全研究的方法，越来越得到国内外专家的认可，是今后生态安全评价最具活力的方向。生态足迹法是生态模型法中最具代表性的方法，是最早由加拿大生态经济学家 Ree 等（1992）提出，并由 Wackernagel 等（1996）加以完善的一种测量人类对自然资源生态消费的需求（生态足迹）与自然所能提供的生态供给（生态承载力）之间差距的方法。孙崇智等（2009）据生态足迹理论方法测算了南宁市历年生态足迹，对南宁市生态安全的现状和发展趋势作出评价。除此方法外，其他生态模型法如系统动力学、状态空间法等也被引进生态安全的研究中。张云（2008）以河北平山县为例，运用系统动力学对生态安全进行了评价与调控研究；张磊（2015）运用系统动力学对祁连山在不同策略下的生态安全进行了预测，并进行系统安全调控和情境分析。随着系统动力学在生态环境研究上的应用，基于系统动力学模型对沿海生态安全的研究越来越深入。马忠强（2011）基于系统动力学对大连全域城市化进程中的生态承载力演变趋势进行了研究；秦晓楠等（2014）对沿海城市生态安全作用机理进行了分析并对其系统进行仿真研究；李华（2011）以崇明为例，分析了基于系统动力学的生态安全指标阈值。状态空间法首次引入我国是在 20 世纪 80 年代，20 世纪末，状态空间法逐渐被我国一些学者应用，研究系统状态方程、计算机计算等领域。毛汉英和余丹林（2001）发表《区域承载力定量研究方法讨论》，将状态空间法应用于定量描述和测度区域承载力及承载状态，状态空间法首次被迁移到生态学领域。马林和邓观明（2008）发表《基于状态空间法的区域海域生态环境人文影响评价方法的构建》，利用状态空间法定量评价人文因素对海域生态环境的影响。钟昌标（2010）、邓观明（2007）、王耕（2007）等基于状态空间法，以城市海域为研究区域，将人文因素对我国近岸海域生态环境的影响进行了定量分析。

2.3.2.1　系统动力学

第二次世界大战后，工业化进程加快，欧美国家工业发达城市城镇人口激增、失业率上升、环境污染、自然生态破坏等问题日趋严重。这些问题范围广泛，关系复杂，工业化副作用问题迫切需要新的方法来解决；另外，由于电子计算机技术的突飞猛进，使得新的方法有了产生的可能，于是系统动力学便应运而生（谭春果，2016；张晓霞等，2016；徐升华等，2016）。作为系统科学研究重要方法的系统动力学，最初叫"工业动态学"，1956 年由福瑞斯特（J. W. Forrester）教授始创于美国麻省理工学院（彭乾等，2016；刘芳和苗旺，2016）。系统动力学是一门分析研究信息反馈系统的科学，是以计算机仿真技术为手段的研究复杂社会经济系统的定量方法，系统动力学模型能够表现系统结构功能和动态行为之间的相互作用关系，适用于处理精确度要求不高的复杂问题（王晶，2016）。系统动力学在处理复杂、高阶、非线性的时变问题时，可进行技术上的情景分析（熊建新等，2016）。

生态安全中的"生态"，是指某一系统与环境或者其他生物之间的相对状态或相互关系（金志丰等，2016）。相互关系的综合即系统。不同的系统内部影响因素不同，结构不同，关系也不同。而沿海地区生态安全系统是个复杂的动态系统，受人类、社会、经济、海洋、资源等诸多因素的影响，内部更为复杂，不同时间、不同地点都有可能发生不同的变化，系统动力学方法正是这种研究复杂动态系统内部机制与因子作用的方法（方伟，2016；王吉苹等，2016；李桂君等，2016；周春，2016）。系统动力学能将复杂系统简单化，分出系统层次结构，能够模拟出生态安全不同因子之间随时间的变化规律，理清各因子之间的相互联系，方便分析影响生态安全的主导因子，找出影响生态安全的主要矛盾，并针对各因子反馈，对生态安全进行调控，所以系统动力学研究生态安全十分适宜（卢志平等，2016）。20 世纪 80 年代初，我国开始引进系统动力学，并应用在自然科学、社会经济和工程技术等多个领域并取得了良好的研究成果，但在对生态安全的研究上，始于 90 年代，起步较晚（方创琳等，2016；张雄，2016；郑赫然，2016）。本书将系统动力学与生态安全系统相结合，可以弥补相关研究的不足，并为沿海生态安全研究提供一个崭新的方向。

1. 基本原理及概念

运用系统动力学研究问题需要深入学习系统动力学的有关原理和方法，才能对复杂问题进行系统分析。下面对系统动力学技术原理和概念进行介绍。

（1）系统，是由相互作用和相互依赖的若干组成部分（要素）结合而成的、具有特定功能的有机整体。系统可大可小，其种类可以分为社会、经济、人口、生物、机械等系统。一个系统中包含物质、信息、运动三部分内容。

（2）反馈，表示系统内同一单元输出与输入间的关系。简而言之，指系统中信息的传输和回授。

（3）反馈系统与反馈回路。反馈系统就是相互连接与作用的一组回路。通过系统本身历史行为的影响，把历史行为的后果回授给系统自身，来影响未来的行为，它一个是闭环系统。反馈回路是由一系列的因果与相互作用链组成的闭合回路。简单系统是单回路的，三个回路以上的系统称为复杂系统。图 2-1 为简单系统的回路。

图 2-1　人口系统的反馈回路

（4）反馈系统的分类。反馈系统分为正反馈系统和负反馈系统。正反馈能产生自身运动的加强过程，在此过程中运动或动作所引起的后果将回授，使原来的趋势得到加强。负反馈能自动寻求给定的目标，未达到（或者未趋近）目标时将不断作出响应。具有正反馈特性的回路称为正反馈回路，具有负反馈特点的回路则称为负反馈回路（或称寻的回路）。分别以上述两种回路起主导作用的系统则称之为正反馈系统和负反馈系统。

确定回路极性的方法具体如下：

系统动力学中变量间的因果关系用因果关系图来表示，并用箭头把两个有因果联系的变量连接起来，箭尾的变量表示原因，箭头的变量表示结果，如果变量 A 是变量 B 变化的原因，则表示为 $A \rightarrow B$。

图中的因果链可指示其影响作用的性质是正还是负。"＋"表示箭头指向的变量将随箭头源发的变量的增加而增加、减少而减少，"－"表示箭头指向的变量将随箭头源发的变量的增加而减少或者与此相反的关系。如图 2-2 所示，降水量增加，水资源总量就增加，反之降水量减少，水资源总量就减少，因此影响作用为正，用"＋"表示。反馈回路包含偶数个负的因果链，其极性为正；反馈回路包含奇数个负的因果链，则其极性为负。因果链符号的乘积决定反馈回路的极性。如图 2-3 所示，包含两个正因果链，一个负的因果链，乘积为负，因此为负反馈回路。

正反馈回路的作用是使回路中变量的偏离增强，而负反馈回路则力图控制回路的变量趋于稳定。负反馈作用并不一定是坏的，正反馈作用并不一定都是好的。

图 2-2　正反馈回路　　　　　　　　　　图 2-3　负反馈回路

（5）系统动力学中常用的图形，包括系统结构框图（structure diagram）、因果关系图（causal relationship diagram）、流图（stock and flow diagram）。

2. 系统动力学建模

1）Vensim 建模基础

在用系统动力学理论和方法对复杂系统分析后，就开始解决建模和模拟的问题，建模和模拟需要借助计算机语言和相关软件来实现。美国公司推出的 Vensim 是专为系统动力学仿真建模开发的工具，操作简单、功能强大，利用该软件可以制作因果关系图、流图，模拟数据以图表和数据的形式输出，具有可视化的优点（汪盾，2016；王玉良，2016；唐石，2016）。本节将运用 Vensim PLE 6.3 进行系统仿真。

（1）变量与方程。变量是 Vensim 建模的基础，认识模型中的变量，就能理清楚模型内部结构。表 2-1 是软件中所有的变量和符号。

表 2-1　Vensim 软件变量、概念及符号

名称	概念	符号
状态变量 level variable	又称"状态变量"，是系统的积累变量	▭
速率变量 rate variable	直接改变积累变量的大小	⟶⊠⟶
辅助变量 auxiliary variable	由系统中的其他变量计算后得到	
常量 constant variable	数值，不跟随时间而改变的量	○
外生变量 exogenous variable	随时间变化，但是不跟系统中其他变量发生关系	
影子变量 shadow variable	系统中变量关系过于复杂，物质流过多时，可用影子变量代替	\<Time\>

其他组成部分常用的符号：源与漏 ⟡，物质流或信息链 ⟶。

（2）流图。流图仿效阀门与水箱的关系描述速率变量与状态变量，如图 2-4 所示。水箱是状态变量，阀门即速率变量，水箱积存水量取决于阀门开关的大小。

流进水箱的水称为源，从水箱流出的水称为漏。流图是系统动力学用于仿真模拟的模型，如图 2-5 所示。

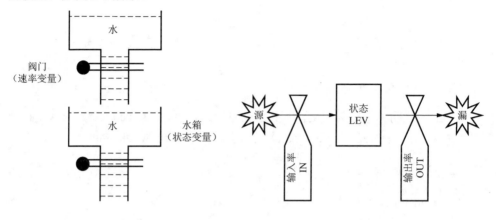

图 2-4　流图原理　　　　　　　图 2-5　流图及其基本表达形式

（3）Vensim 的主要函数类型。函数是构造系统动力学方程的基础，系统动力学的主要函数如表 2-2 所示。

表 2-2　系统动力学主要函数

名称	作用	实例
一般函数	一般的数学函数	
简单函数	函数值取决于当前的输入变量值	数学函数，逻辑函数等
动态函数	函数值取决于当前及以前的输入变量值	积分函数，平滑函数，延迟函数
真实性检验函数	用于实现真实性检验方程的建立	
表函数	描述某些变量间的非线性关系	
离散/延迟函数	离散因素追踪以及队列处理等的函数	

图 2-6 是 Vensim 的函数与运算符公式编辑器，在此输入模型所有变量的函数和运算公式。

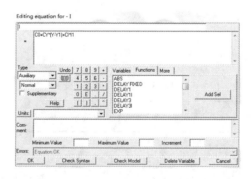

图 2-6　Vensim 的函数与运算符公式编辑器

　　模型中运用最多的是一般函数和表函数，表函数是指自变量与因变量的关系通过列表给出的函数。表函数用于建立不能用解析方式表达的变量关系，某些非线性关系需要借助辅助变量来描述。表函数以图形的形式给出，它用于建立两个变量之间的非线性关系，尤其是软变量之间的关系。

　　Vensim 中表函数的数学表达形式是

　　　　$TF=Lookup\ Name\{[(X_{min},X_{max})-(Y_{min},Y_{max})],(X_1,Y_1),(X_2,Y_2),\cdots,(X_n,Y_n)\}$

其中，X 为输入变量；X_{min} 为 X 的最小值；X_{max} 为 X 的最大值；ΔX 为 X 的增量；$Y_1,Y_2,\cdots,Y_n$ 为特定点的 Y 坐标值。

　　表函数赋值对话框如图 2-7 和图 2-8 所示。

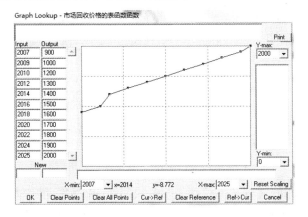

图 2-7　赋值前对话框

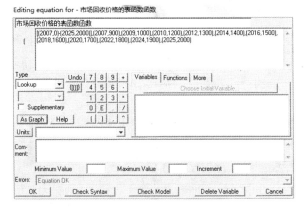

图 2-8　赋值后对话框

　　2）Vensim 建模程序与过程

　　（1）规范建模程序。系统动力学仿真模拟要保证真实性与灵敏度，需要一个良好的模型，因而需要规范的建模程序。规范建模的原则是明确目标、突出问题与矛盾、动态变化（张腾等，2016）。图 2-9 为系统动力学规范建模程序。

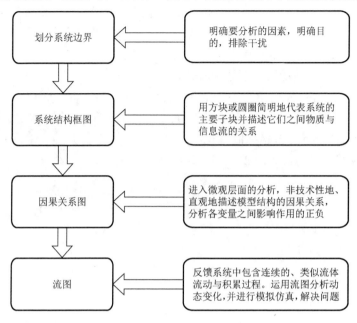

图 2-9　系统动力学规范建模程序

（2）解决问题的过程。系统动力学解决问题的过程简单，大体可分为六步：

第一步，运用系统动力学的理论、原理和方法对研究对象进行系统分析。

第二步，进行系统的层次与结构分析，划分层次与子块，确定总体与局部的反馈机制。

第三步，建立数学的、动态的、规范的模型。模型是仿真和模拟的关键。

第四步，以研究对象实际为指导，借助模型进行模拟，并对其模型灵敏度检测，可进一步分析系统使其完善，最后进行政策分析，得到更多的可用信息，发现新的问题然后再反过来修改模型。

第五步，检验评估模型。模型检验分三步：结构性检验、量纲检验、历史性检验。

第六步，运行模型，进行情景仿真模拟。

2.3.2.2　状态空间法

状态空间法是欧式几何空间用于定量描述系统状态的一种有效方法，通常用系统各要素状态向量的三维状态空间轴表示。本书运用状态空间法，将区域资源、区域环境、人文因素作为系统，定量分析人文因素对区域生态环境的影响适度、影响临界、影响过度。区域资源、区域环境、人文因素构成的三维系统中不同的区域资源、区域环境、人文因素均会对区域生态系统产生不同的影响,甚至是相同的区域资源和区域环境、人文因素对生态系统的影响也会不同,或影响适度,或影响临界,或影响过度。图 2-10 为构建的模型。

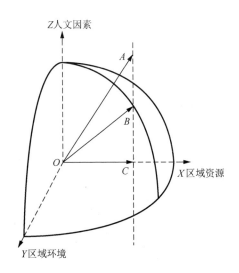

通过比较不同影响因素的向量模与临界模的大小,从而确定人文因素对区域内生态环境的影响状况。从原点到曲面的长度即 $|\overrightarrow{OB}|$ 表示临界值,如果从原点到某曲面的距离大于 $|\overrightarrow{OB}|$,例如 $|\overrightarrow{OA}|$,则表示影响过度,如果从原点到某曲面的距离小于 $|\overrightarrow{OB}|$,例如 $|\overrightarrow{OC}|$,则表示影响适度。

$$\text{EIH} = |M| = \sqrt{\sum_{i=1}^{n} X^2} \qquad (2\text{-}1)$$

图 2-10　状态空间法模型

式中,EIH 为人文因素对生态环境影响(ecological influence of human,EIH)综合指数;$|M|$ 为影响因素矢量模;X 为区域内资源、环境或者人文因素的坐标值。

在由区域资源、区域环境、人文因素构成的三维系统中,不同的因素对系统的重要程度不同,因而所对应的权重亦不相同,则人文因素对生态环境影响的数学表达式为

$$\text{EIH} = |M| = \sqrt{\sum_{i=1}^{n} \omega \cdot X^2} \qquad (2\text{-}2)$$

式中,ω 为 X 所对应的权重。

综合以上公式,将 X 区域资源、Y 区域环境、Z 人文因素带入其中,先对各状态维加权综合成一个指数,从而得到区域资源、区域环境、人文因素在状态空间中的坐标值,其综合性指数分别为

$$
\begin{aligned}
X &= \omega_{11}X_1 + \cdots + \omega_{1m}X_m \\
Y &= \omega_{21}Y_1 + \cdots + \omega_{2n}Y_n \\
Z &= (\omega_{31}Z_1 + \cdots + \omega_{3h}Z_h) - (\omega_{3(h+1)}Z_{h+1} + \cdots + \omega_{3l}Z_l)
\end{aligned} \qquad (2\text{-}3)
$$

式中,$X_1, X_2, \cdots, X_m$ 为状态空间中区域资源对应的坐标值;$Y_1, Y_2, \cdots, Y_n$ 为状态空间中区域环境对应的坐标值;$Z_1, Z_2, \cdots, Z_l$ 为状态空间中人文因素对应的坐标值;$Z_1,Z_2,\cdots,Z_h$ 为人文因素中压力类指标,表示负向;$Z_{h+1},\cdots,Z_l$ 为人文因素中潜力类指标,表示正向;$\omega_{11}, \omega_{12}, \cdots, \omega_{1m}$ 为区域资源各指标对应的权重;$\omega_{21}, \omega_{22}, \cdots, \omega_{2n}$ 为区域环境各指标对应的权重;$\omega_{31}, \omega_{32}, \cdots, \omega_{3l}$ 为人文因素各指标对应的权重。

因此,人文因素对生态环境影响(EIH)的模型为

$$EIH = \sqrt{X^2 + Y^2 + Z^2} \qquad (2\text{-}4)$$

2.3.3　景观生态学法

景观生态学法是区域生态安全研究的重要手段，此方法可分析如生态系统功能、生物多样性等许多生态安全问题，并可以充分使用遥感影像数据和 GIS 技术，将空间结构与变化过程相结合，景观生态学法可以有效地揭示土地利用/土地覆盖对生态安全在空间上的影响（王耕，2012）。吕建树等（2012）基于 RS 和 GIS 技术对济宁市土地生态安全进行了综合评价研究；修丽娜（2011）借助于 OWA-GIS 对区域土地生态安全进行了评价研究。

2.4　小　　结

人海关系一方面反映海洋对人类生活的影响与作用，另一方面表达了人类对海洋的认识与把握，以及两者在相互作用过程中的彼此响应和反馈。人海关系地域系统就是以某一海洋环境的一定区域为基础的人海关系系统，它有着地域性、复杂性和开放性的特征。近些年由于经济发展、人口增加，人文因素成为对生态安全威胁最大的因素。在沿海地区，一旦人类的索取和排放超过了海洋所能承受的最大限度，整个海洋环境系统面临退化甚至是永久性无法恢复，可能最终走向崩溃。人类活动的强度和规模愈加影响着生态环境，因此，在沿海地区的生态安全研究中，人文因素不容忽视。本书将应用综合指数法、生态模型法、景观生态学法评价辽宁沿海各区域的生态状况。

第3章　基于OWA-GIS的辽宁黄海沿岸生态安全评价

3.1　基于OWA-GIS的生态安全评价

3.1.1　生态安全评价方法

1. 评价指标体系建立

构建良好的评价指标体系是进行生态安全评价研究的前提。广义的生态安全包括自然环境、社会经济、资源能源等各个方面的安全。大规模、高强度的人类活动对沿海地区自然生态系统产生了广泛而深远的影响，人类的干扰程度超过自然生态系统的抗压与恢复阈值，生态系统结构与功能就会受损，进而导致生态失衡。所以生态安全研究中首先要确保自然生态系统的安全。城市本底地理区位因素及各种突发、缓发性的灾害均会给城市人居环境带来风险。城市是人口与各类经济活动集中的区域，城市大规模扩张是社会经济发展的必然结果，而与之相伴而生的人口膨胀、资源短缺、污染蔓延、灾害频发等问题已对城市生态系统的健康构成威胁。特别是沿海城市长期水资源短缺，过度抽取地下水引发的地面沉陷、海水倒灌等问题已令人担忧，而日益严峻的水污染局面无疑使原本脆弱的生态环境雪上加霜。长期以牺牲环境为代价的粗放式的经济增长方式的弊端已令人发指，提高资源利用率，建设资源节约型、环境友好型社会成为近年来全社会共同努力的目标。因此本章从自然生态安全、资源能源安全、沿海环境安全、社会经济安全四个方面，选取26个指标因子，构建沿海地区生态安全评价指标体系（表3-1）。

表 3-1　基于沿海地区生态安全评价指标体系

目标层（A）	要素层（B）	指标层（C）
沿海地区生态安全评价（A）	自然生态安全（B1）	地形起伏度（C1）
		水土流失敏感度（C2）
		植被覆盖度（C3）
		景观多样性（C4）
		景观优势度（C5）
		景观破碎度（C6）
		人类干扰强度（C7）
		生态系统服务功能价值量（C8）
		生态环境弹性度（C9）

续表

目标层（A）	要素层（B）	指标层（C）
沿海地区生态安全评价（A）	资源能源安全（B2）	水资源压力（C10）
		矿产资源支持能力（C11）
		能源需求压力（C12）
		土地资源生态承载力（C13）
	沿海环境安全（B3）	农药使用量（C14）
		化肥使用量（C13）
		工业废水达标排放率（C16）
		工业废气达标排放率（C17）
		环境污染治理投资额（C18）
	社会经济安全（B4）	人口密度（C19）
		人均 GDP（C20）
		单位面积粮食产量（C21）
		恩格尔系数（C22）
		居民人均可支配收入（C23）
		城市化水平（C24）
		科教支出占财政支出比例（C25）
		城镇登记失业率（C26）

2. 评价指标标准化处理与权重确定

生态安全评价指标因子复杂多样，不同指标对生态安全演变的影响各异，且不同的指标具有不同的量纲，要正确评价生态安全状况，必须根据指标的性质对指标进行标准化处理。对于栅格图像指标，本章利用 IDRISI 软件中的 FUZZY 模块对数据进行归一化，而对于统计指标，则采用两种不同的标准化方法，对人均 GDP 等对生态安全变化具有正向影响的指标（越大越好），用公式（3-1）进行处理，而对于污染和能源消费压力等负向型指标（越小越好），用公式（3-2）标准化。

$$X'_{ij} = (X_{ij} - X_{j\min})/(X_{j\max} - X_{j\min}) \qquad (3\text{-}1)$$

$$X'_{ij} = (X_{j\max} - X_{ij})/(X_{j\max} - X_{j\min}) \qquad (3\text{-}2)$$

式中，X'_{ij} 为 X_{ij} 的标准化值；X_{ij} 为第 i 地区第 j 指标的原始值；$X_{j\min}$ 为第 j 指标最小值；$X_{j\max}$ 为第 j 指标最大值。

多指标综合因子权重的确定是综合评价过程中的重要环节，也是生态安全评价的关键。当前确定权重的方法主要有两种：主观赋权法，如层次分析法（analytic hierarchy process，AHP）、德尔菲法（Delphi method）等；客观赋权法，如变异系数法、熵值法、因子分析法等。其中层次分析法因其简单易实现的优势被广泛应用，但其主观性强、受经验左右的缺点也受到关注。客观赋权法虽能根据具体数值客观地得到因子对生态安全的影响程度，但是有时会因太客观而与实际情况相悖。考虑生态安全评价因子复杂多样、不同决策水平下的多目标性，本章借助于 IDRISI 软件中的 WEIGHT 模块，选择层次分析法求得各因子的准则权重，再根据指标各数值的大小，求得次序权重，以弥补层次分析法主观权重确定的不足，将准则权重与次序权重相结合进行多种风险决策态度下的生态安全研究。

3. 生态安全指数计算

生态系统是经济–社会–环境的复合系统，各子系统内部及各子系统间相互联系、相互影响，各个评价指标只体现了某个角度的信息，因此，有必要进行综合评价以反映复合系统的生态安全状况。本书采用综合指数法对沿海地区生态安全状况进行评价，计算公式为

$$\text{ESI} = \sum_{i=1}^{n} A_i W_i \tag{3-3}$$

式中，ESI 为生态安全指数；A_i 为各个评价指标的标准化值；W_i 为评价指标 A_i 的权重；n 为指标总项数。ESI 值越大，生态安全度越高。

4. 评价等级划分

评价等级是评价结果优劣水平反应的标准，等级标准的划分直接影响评价结果。生态安全只是相对的安全，不存在绝对的安全。不同生态系统在物质流、能量流及信息流方面都存在差异，且各地区受人类活动的干扰程度不同，因此任何的评价标准必须以现实情况为基础（孙清涛等，2005）。本书根据地区生态安全的特点，结合其他研究的结果（张志军，2012；林福柏，2009），将沿海地区生态安全评价标准分为 5 个等级（表 3-2）。

表 3-2　沿海生态安全评价等级标准

生态安全分级	1 级	2 级	3 级	4 级	5 级
生态安全程度	非常安全	基本安全	临界安全	较不安全	很不安全

3.1.2　基于 OWA-GIS 的生态安全空间多准则评价原理

1. OWA-GIS 的技术原理

有序加权平均（ordered weighted averaging，OWA）方法与地理信息系统（geographic information system，GIS）相结合的多准则评价方法就是应用 GIS 将所有指标要素层量化之后，决策者采用 OWA 方法对准则与权重进行聚合，在 GIS 环境中根据不同的决策风险对要素进行集结（Malczewski，2006）。OWA 多准则决策方法在考虑准则权重的同时还引入次序权重来克服由指标间数值差异过大和层次分析主观方法确定准则权重产生的决策误差。本书采用 OWA 算数公式（Malczewski，2006）实现生态安全多准则评价：

$$OWA_i = \sum_{j=1}^{n} \left(\frac{u_j v_j}{\sum_{j=1}^{n} u_j v_j} \right) Z_{ij} \tag{3-4}$$

式中，Z_{ij} 为经过标准化后的第 i 个地区第 j 个指标的属性值；u_j 为准则权重，$u_j \in [0,1]$，且 $\sum_{j}^{n} u_j = 1$；v_j 为次序权重，$v_j \in [0,1]$，且 $\sum_{j}^{n} v_j = 1$。

2. 权重确定方法

指标权重的确定是利用 OWA 方法进行指标聚合的最关键步骤，包括准则权重与次序权重两个方面。

在准则权重中，各指标因子间的权重大小，即指标的相对重要性程度，反映了不同决策者需求的差异性。在准则权重确定中应用最多的是层次分析法与熵权法。层次分析法将复杂问题分解为多个层次，每一层次分为多个成对单元，决策者对每个成对单元两两比较，得到重要性判断矩阵，再对所有层次进行同样操作，得到层次总排序。这种方法因其易于理解、方便操作等特性在各领域研究中得到广泛的应用。熵权法是一种客观赋权方法，它根据各指标因子传输给决策者信息量的大小确定指标权重。虽然得到的权重值比较客观，但是很少考虑决策者的意向，缺乏针对性。针对多准则评价的多目标性与不同因子聚集所形成的评价结果多样性，用成对比较法，即层次分析法确定准则权重。

次序权重是根据各指标值的数值大小和对决策风险的认识为基础来确定的。通常用风险因子来体现决策风险，风险因子是根据实际情况中指标因子数值差异和主观权重差异带来的决策风险的认识来制定，取决于决策者对风险的态度。根据 OWA 方法原理，次序权重计算公式为

$$v_j = \left[\sum_{k=1}^{j} w_k \right]^{\alpha} - \left[\sum_{k=1}^{j-1} w_k \right]^{\alpha} \tag{3-5}$$

式中，α 为决策风险系数，取决于决策者对决策风险的态度，变化范围在 0 到 ∞ 之间；w_k 为指标重要等级，用下述公式求得。

$$w_k = \frac{n - r_k + 1}{\sum_{i=1}^{k} (n - r_i + 1)} \quad (k=1,2,\cdots,n) \tag{3-6}$$

式中，n 为重要性准则的总数；r_k 根据指标数值大小对指标重要性进行取值，最小取 1，次之取 2，最大取 n；k 为指标重要性数值。

3. 基于 OWA-GIS 的评价过程分析

进行 OWA-GIS 多准则评价首先要根据指标体系建立空间数据库，通过数据库对各指标图层赋值，并将赋值后的基于面状的矢量图层与基于点状的栅格图层

均进行标准化处理。其次，通过成对比较方法求得各个指标的准则权重，按指标属性值的大小对指标进行排序，选取相应的决策风险系数，并通过模糊量化方法求得各指标的次序权重，必须确保排序后的属性值与权重值一一对应。再次，根据公式（3-4）将属性值与其相对应的准则权重与次序权重相结合计算得到每个指标值的评价结果，然后对各个指标的评价结果进行求和即可得到最终的基于 OWA-GIS 的评价结果，具体操作过程可用图 3-1 表示。图中利用决策风险系数 $\alpha=3$

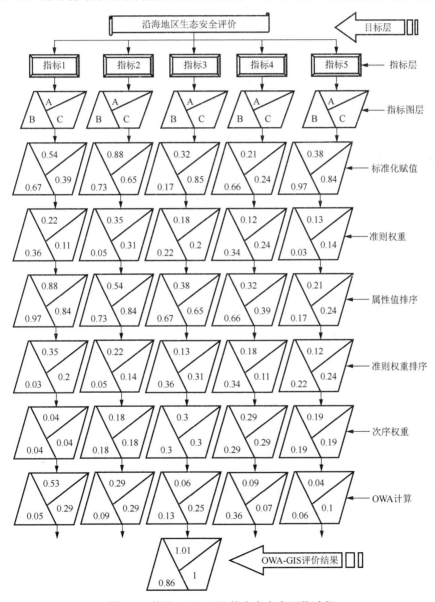

图 3-1　基于 OWA-GIS 的生态安全评价过程

时的次序权重对生态安全状况进行评价。评价结果值越大，表明生态安全程度越高，由此可得，图中所示 A、B、C 三个区域中，A 地区生态安全状况最好，C 地区次之，B 地区生态安全状况最差。

4. 决策风险分析

采用 GIS 进行多准则评价的方法一般分为两类：一类是基于布尔逻辑运算的评价，包括交集（AND）和并集（OR）两种运算；另一类是基于权重线性组合（weight least connections，WLC）和有序加权平均（OWA）的评价。这两类方法最主要的区别在于其决策风险方面的差异。布尔决策是一种极型决策，布尔交集运算要求所有的指标都必须同时满足准则，因而决策风险最小，次序权重为（0,0,…,1）；而布尔并集运算要求只需一种指标满足准则，因而决策的风险最大，次序权重为（1,0,…,0）。权重线性组合方法实质上是布尔交集和布尔并集决策之间的平均，决策风险中等，次序权重为（1/n,1/n,…,1/n），而实际决策过程中极端情况很少出现，评价的结果也不理想，次序权重也在两个极端状态之间连续变化（图 3-2）。而 OWA 方法正是根据决策策略选择风险的大小，在布尔决策的交集和并集决策之间进行调整，产生多种决策策略，布尔评价和权重线性组合评价实际上是 OWA 评价方法的特殊情况。

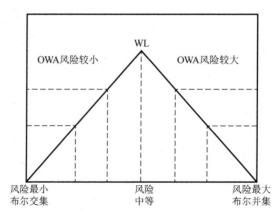

图 3-2　OWA 多准则评价决策风险分析

3.2　辽宁黄海沿岸生态安全实证评价研究

3.2.1　研究区概况

1. 研究范围界定

辽宁黄海沿岸是中国东部沿海地区的最北端（图 3-3），辽东半岛东部濒临黄海的沿岸地带，西起旅顺口区老铁山角，东至丹东市鸭绿江口。从行政地域的角度看，主要包括辽宁省大连市市区（沙河口、西岗区、中山区和甘井子区）、旅顺口区、金州区、普兰店区、庄河市、长海县，以及丹东市市区（振兴区、振安区和元宝区）、东港市共 8 个毗邻黄海的（县）市、区。本节即基于上述空间地域格局，对辽宁黄海沿岸 8 个区（县）市的生态安全进行探究和评价。

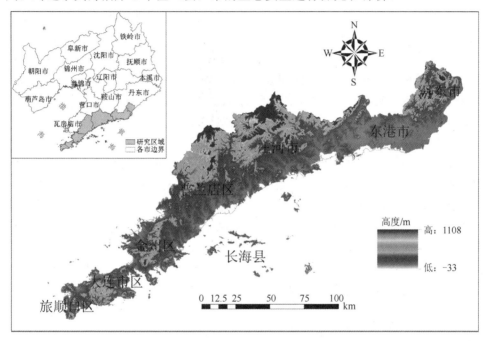

图 3-3　辽宁黄海岸研究范围图

2. 辽宁黄海沿岸概况

辽宁黄海沿岸是辽宁省东南部、辽东半岛东侧紧邻黄海海域的狭长地带，介于 $121°05'E \sim 124°30'E$ 和 $38°32'N \sim 40°35'N$，依托东三省广阔的内陆地区，与朝鲜半岛一衣带水，邻近俄罗斯远东地区，地理位置独特。从局部地域视角看，北部的丹东市隔鸭绿江与朝鲜相邻，南部的大连市两侧临海，扼守黄、渤分界。隔着广阔的海面，西进可达渤海湾的京津冀众多地区，南下可至黄海东岸的朝鲜、韩国、日本和太平洋西岸国内沿海经济发达的鲁、苏、浙、沪等地区。

1）自然概况

辽宁黄海沿岸地带位于北半球中纬度的暖温带，加上地处辽东半岛千山山脉较平缓的东南侧，面临广阔的黄海海域，气候温润，夏无酷热、冬无严寒，海洋性季风气候突出。其中，丹东市年降水量达 1000mm 左右，是区域内降水最多以及整个东北最湿润的地区，有"北方江南"和"东北苏杭"的美誉。大连市日照时数全年达 2500～2800h，日照充足，空气温和，是闻名国内外的阳光海岸。该区域地形以山地丘陵为主，滨海平原面积较小，总体地势较为和缓。具体来看，丹东地区因处在长白山脉边缘，地势由西南向东北逐渐升高；大连地区因千山支脉横贯中部，总体地势中部高，并向东南和西北两侧黄、渤海逐渐降低；局部来看南北差异较大，北部地势较高、面积较广，南部相对地缓狭窄。老铁山是该区域最著名的山峰，海拔 465m，矗立在黄、渤分界之滨，山陡壁峭，灌丛乔木繁盛，是候鸟迁移停歇的理想之地。区域内河流密布，主要有鸭绿江、大洋河、大沙河、马栏河、碧流河等较长水系注入黄海，大多数河流都很清澈，为当地带来丰富的水能资源。辽宁黄海沿岸地带紧邻着面积约 80 000 km², 平均水深 40 m 的北黄海海域，该海域水温年变化较小，在 15～24℃，有寒暖流交汇，水产丰富，海底泥沙在水流冲刷下形成独特的潮流脊地貌，冬季在冷空气持续影响下常会大范围结冰形成冰冻灾害。长达 2000 多千米的海岸线像丝带一样环绕在区域边缘，沿海岸线分布在众多碧海蓝天笼罩下的阳光沙滩，在邻近黄、渤两海域的近岸地带，散布着长兴岛、西中岛、蛇岛、广鹿岛、大长山岛、石城岛、大鹿岛和海洋岛等 260 多个岛屿，大多是风光秀丽的度假旅游胜地。优越的地理条件为该区域孕育了储量丰富的能源资源、矿产资源和海参、鲍鱼等渔业水产资源；依山傍水的滨海环境，形成了卓越优美的自然风光；同时，该区域有着悠久的历史和深厚的文化底蕴，又承载着中国近代历史上不可磨灭、不可遗忘的众多记忆，名胜古迹和战争遗址等人文旅游资源丰富。其中，大连市卧山临海、海岸广阔、风光秀丽，环境绝佳，有滨海路、金石滩等众多旅游景区景点，旅顺口区是中国近代战争博物馆，除老铁山、老虎尾等自然景观外，战争遗址类旅游资源（如白玉山等）最为丰富；长海县有三元宫、太平湾等重要景区，并依托丰富的滨海旅游资源和独特的海鲜美味，逐渐成长为国际休闲度假旅游胜地；丹东市具有独特的边陲风情，境内旅游景点、自然保护区和森林公园众多，陆山海岛林立，依托鸭绿江 210 km 的文化旅游长廊，拥有特许经营赴朝旅游的优势。

2）人文概况

辽宁黄海沿岸地带在行政地域上隶属于辽宁省。区域陆地面积 12 423.75 km²，占辽宁省陆地面积的 8.5%，人口 610 万，为辽宁省总人口的 14%，具有悠久的历史和深厚的文化底蕴，临海靠山的独特地理区位加上历史时期众多的人文遗迹，使该区旅游资源极为丰富，为发展旅游业奠定了良好的本底条件。同时，辽宁黄海沿岸海岸线曲折、水深港阔、多良港，如市域内的大连湾、旅顺口等良港，为中国北方少有的不冻港，是中国北部海运、渔业的重要基地，其中大连港与世界上 150 多个国家和地区有航运往来；在开展海上交通运输业的基础上，其相对低缓平坦的丘陵地形、常年晴朗洁净的天空，也为开展陆路交通和航空运输提供了便利，周水子国际机场、浪头机场和丹大高速等与该区域优越的海上交通线一起构成了便捷的立体交通运输网络。

辽宁黄海沿岸具有良好的渔业、旅游、能源与矿产资源赋存，发达的交通运输网络，加上地处辽中南工业基地与辽宁沿海经济带的重要耦合点、东北亚经济圈和环渤海经济圈的中心交汇带，使得其社会经济的发展有了良好的基础和平台，区域社会经济表现出持续健康的发展态势。2010 年全区域 GDP 达 4672.3369 亿元，占辽宁省全省国内生产总值的 26%。在区域内部，大连市环境优美宜人，地理位置优越，是京津的门户、国家副省级和计划单列市，是辽宁乃至东北重要的港口、贸易、工业、旅游城市和开放窗口，中国北方区域性金融中心城市，并逐渐成长为重要的东北亚国际性航空、物流中心；其旅游业发达，工业基础雄厚，体系健全，有石化、电子、机械、造船、机车、金融等发达的经济行业，2011 年 GDP 达 6100 亿元，人均值超过上海、北京和天津等地区。丹东市是我国最大边境城市，也是一座与朝鲜隔江而邻、与韩国一衣带水的港口城市，集沿江、沿边和沿海三大独特优势于一身；在交通设备制造、农副产品加工和能源工业、金属矿开采冶炼及纺织服装、机械制造等行业有发展优势，在开展边境旅游业方面独具吸引力。

辽宁黄海沿海地带因其丰富的资源和独特的地理位置，成为辽宁省经济发展的主力和地域开发的前沿，但是长期的高强度人类活动对生态环境的压力已使区域内生态系统结构和功能受损，有些地区甚至出现生态失衡现象，成为区域经济社会可持续发展的阻碍。因此诊断其生态系统健康水平，确保区域生态安全的研究迫在眉睫。

3.2.2　沿海地区生态安全数据处理

1. 指标数据来源与处理

本章中所涉及的数据主要包括遥感影像、数字高程图及经济统计数据。遥感影像来源于"国家科学数据服务平台"与美国地质调查局（United States Geological Survey，USGS）中的 Landsat TM 和 ETM 影像，轨道号为 118/32，119/32，119/33 及 120/33。通过在网络中下载 2010 年 9 月份四个轨道号的影像，在 ENVI4.7 软件中对影像实现辐射校正、几何精校正、影像镶嵌、影像裁剪等操作，并参考 Google Earth，结合研究区特点对研究范围内的影像图片进行监督分类，得到辽宁黄海沿岸地区 2010 年土地利用/土地覆盖结果。社会统计数据来源于 2010 年《辽宁省统计年鉴》《中国城市统计年鉴》《辽宁省环境质量公报》《大连市统计年鉴》《丹东市国民经济统计公报》等权威的年鉴与统计公报，保证了数据的准确性。

2. 指标数据标准化与分级

统计数据采用第 2 章中标准化公式（2-1）和公式（2-2）对评价指标数值进行标准化处理。栅格图层借助 IDRISI 软件中的 FUZZY 模块进行标准化处理。指标数据无量纲化处理之后，对每个评价指标的属性值进行空间对比，将表 3-2 所示生态安全评价体系中的每个评价指标都分成 5 个级别进行分级赋值（表 3-3）。

表 3-3　各指标安全级别

生态安全状态	非常安全	基本安全	临界安全	较不安全	很不安全
分级赋值	1 级	2 级	3 级	4 级	5 级

3. 指标数据空间化

OWA 多准则评价中要求所有指标都是图层信息，因此需要将所有的非空间数据都进行矢量化处理为空间数据。本节首先借助于 ArcGIS10.0 对辽宁黄海沿岸地区的行政区图进行矢量化，再将各指标的数据链接到矢量化图层的属性表，然后再进行无量纲化与标准化分级处理，最终形成各个评价指标的分布图及标准化分级图。

4. 指标数据处理结果

1）地形起伏度

地形起伏度用来描述地表形态的特征。生态系统中一切物质交换与能量循环都受地形起伏度的影响。土地利用方式与景观格局也在一定程度上受地形起伏度的制约。水土流失、滑坡、泥石流等自然灾害的破坏力与影响力也与地形起伏度密切相关，人口分布、经济发展水平等也无一不受地形起伏度的影响。地形起伏度越大，受灾害的影响强度也越大，且生态功能退化后不易治理。因此地形起伏度对生态安全存在负向型影响，即地形起伏度越大，生态安全程度越低。本节通过 ArcGIS 软件对研究区的 DEM 高程图进行操作，得到地形起伏度图，并进行标准化分级（图 3-4，图 3-5）。

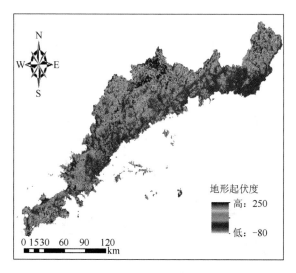

图 3-4　辽宁黄海沿岸地形起伏度图

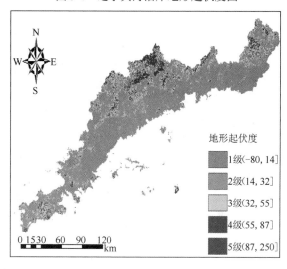

图 3-5　辽宁黄海沿岸地形起伏度标准化分级图

　　从图 3-4 和图 3-5 可知，研究区大部分地区地形起伏度小，滨海平原地区基本处于 1 级与 2 级，即非常安全与基本安全水平，只有庄河北部、大连市区与旅顺口交界的低山地区起伏度高，处于不安全等级。

　　2）水土流失敏感度

　　辽宁黄海沿岸地区在地貌上属于低山丘陵与滨海平原，不合理开发及高强度的利用极易导致水土流失。水土流失破坏土壤营养成分，降低土壤蓄水能力，影响生态系统中的水循环及生物地球化学循环，对自然生态系统产生不利影响。所以可认定水土流失是负向型指标。本节通过利用 ArcGIS 中的 Spatial Analyse 模块对 DEM 高程图自动提取坡度来间接反映水土流失的敏感度,坡度越高,水土流失发生的频率高,且遭受水土流失损失也越大,生态环境也越不安全(图 3-6,图 3-7)。

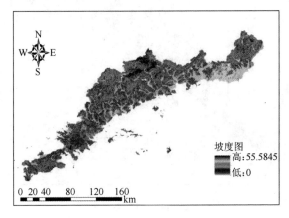

图 3-6　辽宁黄海沿岸坡度图

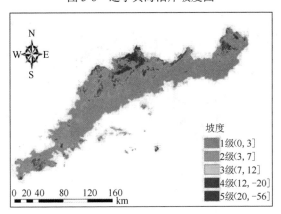

图 3-7　辽宁黄海沿岸水土流失敏感度分级图

因辽宁黄海沿岸地区大部分地区坡度较低,从图 3-6 和图 3-7 可看出沿海低地特别是海岸带地区地势平坦,水土流失的敏感度低,大部分地区处于 1 级水平,为非常安全等级。而在庄河北部、大连西南部、旅顺的老铁山地区等低山丘陵地区,坡度陡,极易发生水土流失。

3)植被覆盖度

森林、草地等植被在涵养水源、调节气候等方面具有重要的生态服务功能,而且森林是巨大的碳储量库,一旦遭到破坏,会对全球碳排放造成影响,加剧温室效应,加速全球气候变化。因此,植被覆盖度越高,生态安全程度也越高。本节用植被归一化指数(normalized difference vegetation index,NDVI)来表征地区植被覆盖水平。利用公式（3-7），在 IDRISI 软件中对原始影像进行波段计算，得到植被归一化指数图，再利用 FUZZY 模块将其标准化，得到标准化图层。

$$NDVI = \frac{TM4 - TM3}{TM4 + TM3} \tag{3-7}$$

在 IDRISI 软件中进行波段计算直接得到植被覆盖图的栅格图，再利用 FUZZY 模块将其值归一化处理（图 3-9）。从图 3-8 与图 3-9 可看出，辽宁黄海沿岸地区的植被覆盖度较高。但是大连市区东南部与丹东市区鸭绿江入海口地区，人口分布集中，景观类型以建筑用地为主导，开发利用度强、植被覆盖度低。

图 3-8　辽宁黄海沿岸植被覆盖度图

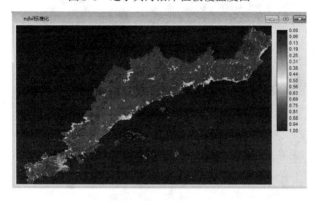

图 3-9　辽宁黄海沿岸植被覆盖度标准化图

4）景观多样性

景观多样性是指不同类型的景观要素在结构、功能和时间方面的复杂性与变异性，用来衡量地区景观类型的丰富度与复杂性，景观类型越多，景观多样性就越大。多样化、异质性的景观为多种物种提供了繁衍生息的场所，有利于保持较高的物种多样性与生物多样性，在维护生态平衡方面具有重要的意义。景观多样性的计算公式为

$$H = -\sum_{i=1}^{m}(P_i \ln P_i) \qquad\qquad (3\text{-}8)$$

式中，H 为景观多样性指数；P_i 为第 i 种土地利用类型所占的比例；m 为土地利用类型的总数目。

　　将遥感影像解译得到的土地利用分类图导入 IDRISI 软件，利用 GIS 菜单下的 Statistics 功能直接计算景观多样性，并生成景观多样性图，再利用 FUZZY 模块将其值归一化（图 3-10，图 3-11）。从图中可知，辽宁黄海沿岸地区的景观多样性指数不高。大连市区、东港市海岸带地区由于人类开发强度大，在土地利用类型中，建筑用地占绝对比例，景观多样性指数低，而庄河市北部山区，森林覆盖度高，林地比例大，景观异质性程度也低，故景观多样性指数低。

图 3-10　辽宁黄海沿岸景观多样性图

图 3-11　辽宁黄海沿岸景观多样性标准化图

　　5）景观优势度

　　景观优势度描述景观由少数几个生态系统控制的程度，与景观多样性成反比，值越大表示景观受较少的因素控制，可表示为

$$D = H_{max} + \sum_{i=1}^{m}(P_i \ln P_i) \qquad (3\text{-}9)$$

式中，D 为优势度指数；P_i 为第 i 种土地利用类型所占的比例；m 为研究区土地类型的总数目；H_{max} 为最大多样性指数。

根据图 3-12 和图 3-13，大连市区建筑地在整个景观类型中所占比例大，致使景观优势度值很低，在图中呈现黑色；丹东市区的东北与西南部林地所占比例大，景观优势度指数值也低。

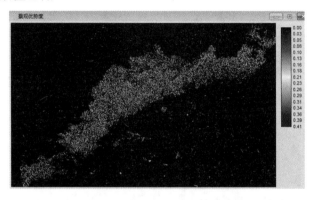

图 3-12　辽宁黄海沿岸景观优势度图

图 3-13　辽宁黄海沿岸景观优势度标准化

6）景观破碎度

景观破碎化是连续分布的较大面积的自然生境在自然干扰及人类活动的影响下被分割为许多面积较小的斑块的过程。景观破碎化伴随着景观中斑块数量增加而面积缩小，使适合物种生存的内部生境面积缩小，边缘面积增加，边缘效应明显增强，斑块与斑块之间、斑块与基质之间沟通交流的廊道被切断，阻碍了物种的迁移与扩散，不利于生物多样性的保护，损害生态系统。破碎度指数可由公式（3-10）计算所得。

$$F = \sum_{i=1}^{m}(n_i / A) \tag{3-10}$$

式中，F 为破碎度指数；n_i 为第 i 类型土地的斑块数量；m 为土地类型的总数目；A 为区域土地总面积。

　　IDRISI 软件生成的景观破碎化图及标准化图层如图 3-14 和图 3-15 所示，辽宁黄海沿岸地区的景观破碎化程度较低，景观破碎化指数大致在 0.75 以下，单纯从指标景观破碎度来看，研究区生态安全状况较好。

图 3-14　辽宁黄海沿岸景观破碎度图

图 3-15　辽宁黄海沿岸景观破碎度标准化图

7）生态系统服务功能价值量

　　生态系统服务功能价值量是对生态系统服务功能的价值表征，是对生态系统及生态过程对维持自然环境与为人类提供服务效应的度量，是正向指标。本节参考前人的研究成果（谢高地等，2003）并结合辽宁黄海沿岸地区的实际现状，制定了各种土地利用类型的单位面积生态服务价值量表（表 3-4）。研究中采用 Costanza（1997）提出的计算公式计算生态系统服务功能价值量。养殖地在满足需求及生态功能方面近似于水域，因此计算养殖地的生态系统服务功能价值量时参照水域的单位面积生态系统服务功能价值量。

$$E = \sum_{i=1}^{n} A_i \times B_i \qquad (3\text{-}11)$$

式中，E 为生态系统服务功能价值量，万元；A_i 为研究区第 i 种土地利用类型面积，hm^2；B_i 为研究区第 i 种土地类型单位面积生态系统服务功能价值量，万元/（$hm^2 \cdot a$）。

表 3-4　各种土地利用类型的单位面积生态系统服务功能价值量表 [单位：万元/（$hm^2 \cdot a$）]

土地利用类型	建筑地	耕地	水域	林地	草地	未利用地
生态系统服务功能价值量	0.017	0.083	7.640	0.342	0.201	0.034

根据解译的土地利用分类图（图 3-16）得到研究区各县市的各类土地利用类型的面积，通过公式（3-11）计算得到生态系统服务功能价值量，再借助 ArcGIS 进行标准化分级赋值，得到生态系统服务功能价值量标准化分级图（图 3-17）。如图所示，丹东市与庄河市的生态系统服务功能价值量最大，处于 1 级水平，东港市次之，普兰店区与旅顺口区处于临界安全等级，金州区处于较不安全等级，而大连市区建筑用地比例较大，水域面积比例小，生态系统服务功能价值量小，处于很不安全等级。

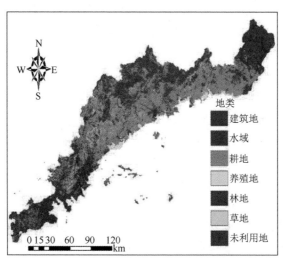

图 3-16　辽宁黄海沿岸土地利用分类图

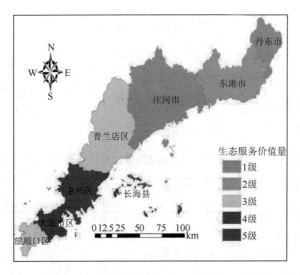

图 3-17 辽宁黄海沿岸生态系统服务功能价值量标准化分级图

8）生态环境弹性度

生态系统本身具有自我调节能力，当干扰的强度未超过系统可承受的阈值时，生态系统可以通过自身的协调来抵抗外界干扰并且恢复系统原始健康状态。生态环境弹性度表示系统受到干扰之后的恢复能力。生态环境弹性度越大，生态安全度越高（刘建红，2009）。不同景观类型对干扰的抵抗和恢复能力不同，本节参考刘明华等（2006）、陈鹏（2007）的研究成果确定了各种土地利用类型的生态弹性值（表 3-5），并利用公式（3-12）求出研究区各县市的生态环境弹性度，再利用 ArcGIS 进行标准化分级赋值，得到生态环境弹性度标准化分级图（图 3-18）。

表 3-5　不同土地利用类型的生态环境弹性度分值

土地利用/覆盖类型	建筑地	耕地	水域	林地	草地	未利用地
生态环境弹性度分值	0.2	0.5	0.8	0.9	0.6	0.2

$$\text{ECO}_{res} = \sum_{i=1}^{m}(P_i \times B_i) \tag{3-12}$$

式中，ECO_{res} 为生态环境弹性度；P_i 为土地类型 i 在总土地面积中所占的比例；m 为土地类型的数目；B_i 为第 i 类土地利用类型的弹性度分值。

由于林地和水域的生态环境弹性度分值大，对生态系统的抗干扰能力与受损后的恢复能力具有决定性作用，而建筑地与未利用地的生态环境弹性度分值小，特别是开发为建筑用地后，一般很难改变成其他的景观类型，对生态系统的恢复能力作用甚微。因此，丹东市、庄河市由于林地和水域占绝对优势，生态环境弹性度较大，生态系统受干扰后依靠自身力量恢复的能力最强；长海县开发利用的强度小，岛上植被覆盖率也较高，生态环境弹性度属于 2 级（基本安全）；耕地对维持生态系统的恢复力也有很大作用，一旦土地利用结构变化，生态系统的功能与过程也会随之发生变化，东港市沿海低地多为水田，耕地占很大比例，所以生态环境弹性度中等，处于 3 级水平；普兰店区、金州区、大连市区受人类干扰程度高，开发利用强度大，生态系统受损后很难恢复，特别是大连市区建筑用地面积占绝对比例，致使生态恢复力弹性值最低，处于 5 级水平（很不安全）。

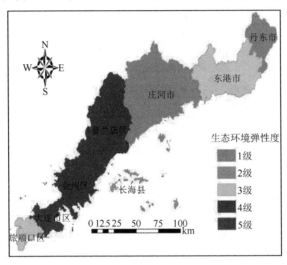

图 3-18　辽宁黄海沿岸生态环境弹性度标准化分级图

9）人类干扰强度

随着工业化与城市化进程的加快，人类以前所未有的规模与强度改变着自然环境。人类活动的干扰已经超过其他自然干扰因素，成为影响生态环境变化的主要因子，并且大部分人类的干扰活动超出了生态系统自身的抗干扰能力与恢复能力，致使生态环境退化，生态失衡。因此，人类的干扰强度越大，对生态系统构成的压力也越大，生态系统越不安全，是负向指标。本节根据完整的遥感图像处理平台（the environment for visualizing images，ENVI）解译的辽宁黄海沿岸地区土地利用图，计算各地区建筑地占总土地面积的比来反映人类活动对整个系统的干扰强度（图 3-19）。

东港市与庄河市是农业县市，林地与耕地面积比较大，大城镇主要集中于海岸带地区，小规模的聚落、村庄零散分布，总体来看此地区的建筑用地占比较小，人类干扰强度不大，处于 1 级水平（非常安全）；而金州区与旅顺口区近年来开发力度大增，景观类型发生大幅改变，海岸带地区大规模填海造陆，大范围林地与耕地景观转为建筑地景观，人类活动对生态系统的干扰强度较大，在人类干扰程度标准化分级图上处于较不安全等级；大连市近 60%的景观类型为建筑地景观，无论是在广度还是强度方面，人类活动对自然生态系统都产生了剧烈的干扰，在等级图上处于 5 级水平（很不安全）。

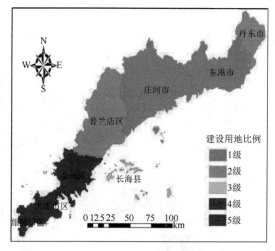

图 3-19　辽宁黄海沿岸人类干扰强度标准化分级图

10）水资源压力与能源需求压力

充足的水资源不仅是人类健康生存与社会经济发展的重要保障，也是维持生态系统中各种植物群落、动物群落生存的主要力量。水资源与能源短缺问题已经成为社会经济持续发展的瓶颈，而且水量减少会改变水循环体系，改变生态系统中的物质流与能量流，使生态系统结构和功能受损，生态质量恶化。特别是沿海地区为缓解水资源压力而过度抽取地下水，进一步引发了地面下陷、海水倒灌、土壤质量退化等问题。辽宁沿海经济带是辽宁省乃至整个东北地区经济发展的引擎，但日益增加的水资源压力与能源需求压力也对沿海脆弱的生态环境造成了沉重的压力。本节用各地区水资源需求量与能源消费量来表征水资源压力与能源需求压力，所产生的标准化分级图见图 3-20 和图 3-21。

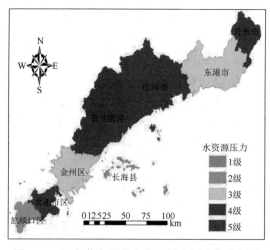

图 3-20　辽宁黄海沿岸水资源压力标准化分级图

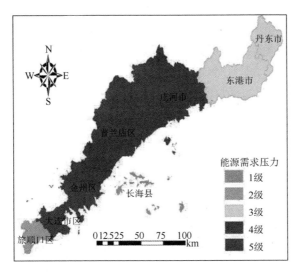

图 3-21　辽宁黄海沿岸能源需求压力标准化分级图

　　从图 3-20 和图 3-21 可看出，研究区各县市所面临的水资源压力与能源需求压力情况大致相同。长海县虽然面积小，资源储量相对匮乏，但是人口较少，经济发展结构多以水产养殖与旅游业为主，地区发展对水资源和能源的需求对生态系统的压力较小，属于非常安全水平；大连市区经济高度发达、人口聚集，对水资源和能源的需求量均达到研究区内最高值；金州区近年来大力开发，经济发展对生态系统施加的压力较大，安全程度低，处于很不安全等级；普兰店区与庄河市农业发展对水资源的压力较大，近年来普湾新区与庄河循环经济区的建设促使该地得到大力开发，对资源和能源的需求量增大，水资源和能源需求压力均属于较不安全等级。

　　11）矿产资源支持能力与土地资源生态承载力

　　丰富的矿产资源为经济发展提供物质支撑与动力支持。我国一直以严格的土地政策来保护日益减少的耕地资源。耕地资源减少改变了土地利用方式、景观结构和格局，影响生物地球化学循环，影响全球气候变化。本节用各县市矿产能源的生产量来衡量地区矿产资源支持能力，用地区耕地面积来反映土地资源生态承载力。指标数值越大，地区生态安全程度越高，为正向指标。指标标准化分级图见图 3-22 和图 3-23。

　　长海县是一个四面环海的岛屿县，海域面积广阔，而陆域面积小，土地资源生态承载能力低，同时长海县的主导产业是渔业与旅游业，矿产资源也很贫乏，因此，矿产资源与土地资源生态承载力均为 5 级（很不安全）；而金州区、庄河市、普兰店区成矿条件较好，矿产资源丰富，矿产支持能力处于安全等级，同时庄河市与普兰店区耕地面积占地区总面积的比分别为 36% 与 39%，土地资源生态承载能力高；东港市水田资源丰富，土地资源生态承载力高，农业比较发达，且工业主要集中在海产品加工、食品加工等轻工业，矿产资源支持能力较低，处于临界安全等级；丹东市与旅顺口区矿产资源支持能力与土地资源生态承载力均为4级，较不安全等级。

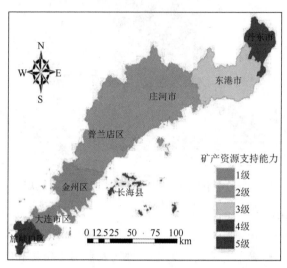

图 3-22　辽宁黄海沿岸矿产资源支持能力标准化分级图

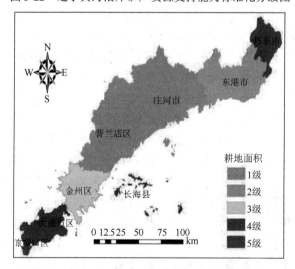

图 3-23　辽宁黄海沿岸土地资源生态承载力标准化分级图

12）化肥、农药使用量

化肥、农药的使用会污染水体、土壤，破坏土壤的物理结构，影响整个生态系统的结构与功能。植物中残留的化肥、农药通过食物链被肉食动物乃至顶级生物（人）同化吸收，对人类的健康生存也造成了潜在的威胁。因此，农药和化肥的使用强度越大，对生态系统造成的压力也越大，是负向指标，如图 3-24 和图 3-25 所示。

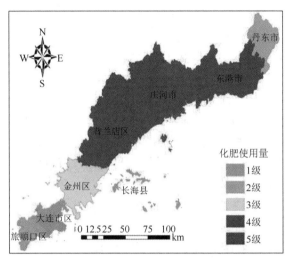

图 3-24　辽宁黄海沿岸化肥使用强度标准化分级图

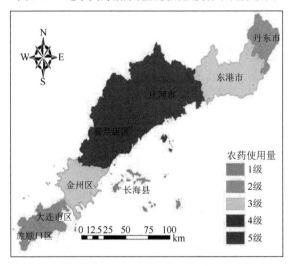

图 3-25　辽宁黄海沿岸农药使用强度标准化分级图

从化肥与农药使用强度标准化分级图中可看出，化肥与农药使用强度大的地区多为农业发达地区，如普兰店区、庄河市、东港市，处于很不安全与较不安全等级；长海县主要以海产品养殖与旅游业为主导，很少使用化肥与农药，因此处于 1 级非常安全的等级；而丹东市区与大连市区，土地利用类型多为建筑用地，耕地比例小，且多为园地与菜地，因此化肥与农药的使用强度也相对较小，处于安全等级。

13）工业废水、废气排放达标率与环境污染治理投资额

"三废"排放是工业化与城市化对自然生态环境最直接的影响。日益频繁、持久不消散的雾霾天气与工业废气的排放关系密切，而废水排放不仅会污染地下水和土壤，更会加剧水资源短缺的局势，致使生态系统进入恶性循环。环境污染治理投资额反映了政府对环境的关注力度，政府对环境的管制是改善环境质量最有效的方式。辽宁沿海地区空气质量虽比较好，但是也经常会遭遇大雾甚至轻度雾霾天气，由废水排放引起的水污染、土壤退化等一系列效应致使生态系统功能与过程发生变化。因此工业废水达标、废气达标排放及政府对环境的管制对维护生态安全至关重要，排放率与投资力度越大，生态环境质量越好，生态安全程度越高。本节用环保投资占地区财政支出的比例来表征政府对环境污染治理的投资力度，废水与废气达标排放率均取自统计年鉴数据。ArcGIS进行标准化赋值得到的分级图，如图3-26和图3-27所示。

由图3-26、图3-27和图3-28可知，丹东市的工业废水与废气达标排放率、环境污染治理投资水平均低于其他县市；大连市区的环境污染治理投资力度也较小，处于很不安全等级；庄河市与旅顺口区的这三个指标值都很高，均处于安全等级；金州区特别是大连开发区化工产业密集，污水排放量大，废水达标排放程度低，处于较不安全等级；普兰店区近年来着重投资建设普湾新区，对环境污染治理的投资力度不足，位于4级，较不安全等级；长海县的废水、废气达标排放率都处于临界安全等级。

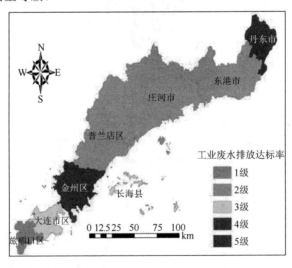

图3-26　辽宁黄海沿岸工业废水达标排放率标准化分级图

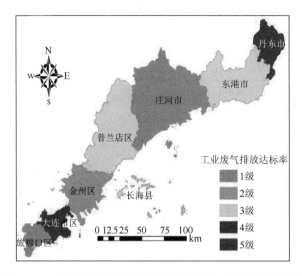

图 3-27 辽宁黄海沿岸工业废气达标排放率标准化分级图

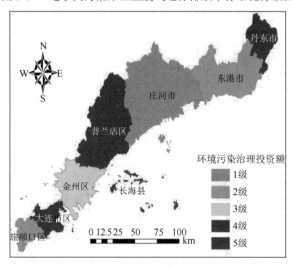

图 3-28 辽宁黄海沿岸环境污染治理投资标准化分级图

14）人口密度

辽宁黄海沿岸地区以其丰富的资源、优越的位置成为辽宁省乃至整个东北地区的经济增长极，同时人口大规模聚集在沿海城市也给生态系统造成了压力。交通拥堵、住房紧张、资源短缺、环境污染等问题使城市的宜居度下降；而过度抽取地下水引起的地面下陷、海水倒灌、土壤盐碱化等问题又构成了新的生态威胁。沿海高密度的人口分布导致当地人口、资源与环境之间矛盾日趋尖锐，地区生态承载力降低，生态环境日趋退化，因此人口密度是负向指标。

大连市区是研究区内经济最发达的地区，也是人流、物流最集中的区域。从图 3-29 中可以看出大连市区人口密度最大，对生态系统的压力也最大，处于 5 级很不安全等级；金州区和丹东市区次之；旅顺口区与长海县人口密度属于临界安全等级；而普兰店区、庄河市、东港市经济相对较落后，人口较少，人口密度对生态环境的压力小，均属于安全等级。

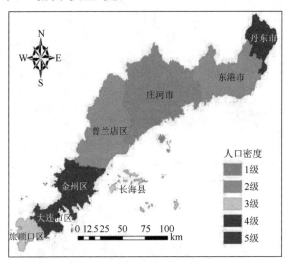

图 3-29　辽宁黄海沿岸人口密度标准化分级图

15）人均 GDP

人均 GDP 是衡量地区经济发展水平的重要标志。通常认为经济发达的地区虽然对自然本底生态系统开发利用强度大，但是快速的经济发展也是治理污染的重要支撑，在污染治理的力度与强度方面均优于经济水平落后的地区，同时经济发展水平高的区域在保持经济发展的同时也重视生态环境保护，且注重产业结构升级优化。因此可认定人均 GDP 对生态安全存在正向影响。

从图 3-30 可知，丹东市经济发展水平低，人均 GDP 在研究区内属于最低等级；而大连市区与金州区经济高度发达，人均 GDP 遥遥领先于其他县市；东港市、庄河市、普兰店区是农业县市，经济发展程度也不高，人均 GDP 水平处于较不安全等级；长海县处于临界安全等级。

16）单位面积粮食产量

广义的生态安全不仅指优良的自然环境，而且包括生活安全、生产安全等要素。粮食安全一直是国际社会的焦点问题，渐趋减少的耕地资源对保证粮食安全的战略构成了威胁。单位面积粮食产量反映了农业生态系统生产力的高低，同时也体现人类对农田这种半自然景观的经营与管理程度。单位面积粮食产量越高，生态安全的程度也越高，是正向指标。

　　长海县陆域面积小，农业发展主要以海洋水产业为主，粮食生产量低；丹东市、大连市区与旅顺口区耕地面积较小，因其接近城市的区位优势，农业种植业多以蔬菜、果园为主，粮食产量低，处于不安全等级；金州区处于临界安全等级；东港市、庄河市、普兰店区是辽宁省主要的商品粮基地，耕地比例大，单位面积粮食产量也高，属于安全水平（图 3-31）。

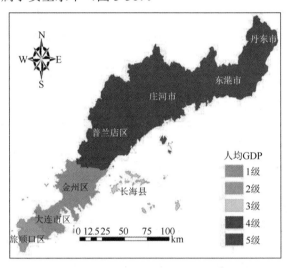

图 3-30　辽宁黄海沿岸人均 GDP 标准化分级图

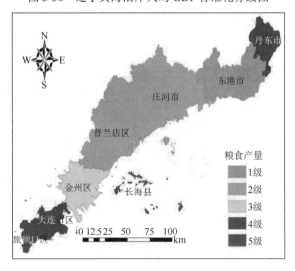

图 3-31　辽宁黄海沿岸单位面积粮食产量标准化分级图

17）恩格尔系数与居民人均可支配收入

恩格尔系数表示食品支出占家庭（国家）总收入中的比例，收入越少，购买食品的支出所占的比例就越大，家庭（国家）越贫穷；反之，比例越小，越富裕。国际上通用恩格尔系数来衡量居民生活水平的高低。居民人均可支配收入也是衡量地区居民生活水平的重要指标。恩格尔系数越低，居民人均可支配收入越高，地区经济发展程度也越高，越有利于环境污染治理与生态保护。因此，恩格尔系数对于生态安全评价来说是负向指标，居民人均可支配收入是正向指标。

普兰店区、东港市、庄河市经济比较落后，恩格尔系数高达40%以上，同样受经济发展水平的制约，居民人均可支配收入也低，两个指标均处于4级与5级的不安全等级；旅顺口区与长海县恩格尔系数值低于30%，处于安全等级；大连市区、旅顺口区、金州区经济发展水平高，当地居民生活富裕，人均可支配收入高，而长海县人口较少，海洋渔业产业发达，人均可支配收入也相对较高，处于基本安全与非常安全等级（图3-32，图3-33）。

18）城市化水平

城市化是社会经济发展的必然要求，也是现代化进程的主旋律，更是经济增长的动力和源泉。本节用非农业人口占总人口的比例来表征城市化水平。该值越高，表明城乡协调性越高，生态安全程度也越高。分级赋值标准化图见图3-34。

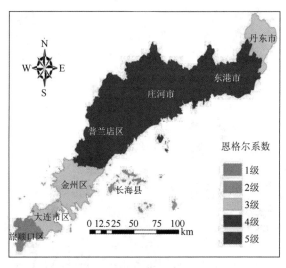

图3-32　辽宁黄海沿岸恩格尔系数标准化分级图

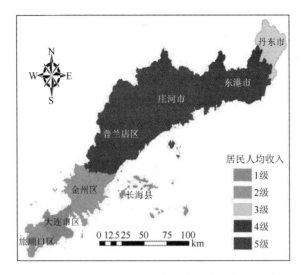

图 3-33　辽宁黄海沿岸居民人均可支配收入标准化分级图

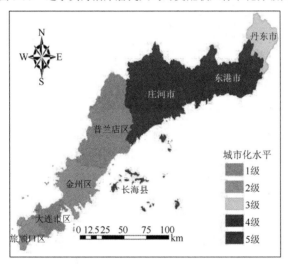

图 3-34　辽宁黄海沿岸城市化水平标准化分级图

大连市区与普兰店区非农业人口在总人口中的比例大，城市化水平高，对应 1 级（非常安全）水平；旅顺口区与金州区近年来城市化发展迅速，其生态安全值达到基本安全等级；庄河市、东港市、长海县是农业县市，农业人口在总人口中的比例较大，城镇化水平也不高，其生态安全级别为 4 级和 5 级，处于不安全等级。

19）科教支出占财政支出比例

科技是第一生产力。科技进步不仅是地区经济发展的中坚力量，也是确保生态安全与环境健康的坚强后盾。充足的科研经费也是专业人员进行生态安全研究的保障。而教育在提高民众的生态保护和可持续发展意识和能力方面具有重要的意义。科教支出占财政支出的水平在一定程度上也表征了政府对生态环境保护的重视程度。在 ArcGIS10 软件中按照标准化分级赋值方法对指标进行赋值，形成了辽宁黄海沿岸地区科教支出占财政支出比例标准化分级图，如图 3-35 所示。

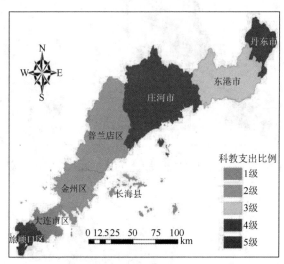

图 3-35　辽宁黄海沿岸科教支出占财政支出比例标准化分级图

就科教支出占财政支出的比例而言，丹东市的支出比例最小，生态安全值为 5 级，处于很不安全等级；大连市区因高校云集，经济水平发达，在科技与教育方面投资大，所对应的生态安全值最高，达到十分安全等级，长海县也达到 1 级水平。

20）城镇登记失业率

就业是最基本的民生问题，也是社会经济安全的重要内容。高失业率不利于社会安定，会阻碍经济的持续发展。城镇登记失业率与生态安全之间呈现负向型影响关系，即失业率越高，生态安全程度越低。

从图 3-36 可看出，失业率与经济发展程度密切相关。经济发达地区为劳动者提供了良好的就业环境，劳动者可选择的就业机会多，失业率低；反之，失业率高。就城镇失业率指标来看，大连市区与金州区失业率低，生态安全等级属于 1 级和 2 级的安全等级；长海县、丹东市区、东港市、庄河市失业率高，生态安全状态较差，属于不安全等级。

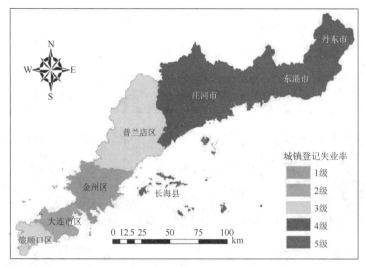

图 3-36　辽宁黄海沿岸城镇登记失业率标准化分级图

3.2.3　生态安全实证评价研究

1. 评价指标栅格化

IDRISI 软件平台进行 OWA 多准则评价时是对其软件默认的.rst 格式的栅格文件进行操作。书中所建立的生态安全指标体系中有大量统计数据,这些指标在 ArcGIS10 软件中实行标准化分级赋值后形成了.shp 矢量格式的文件。因此要进行 OWA 多准则评价必须要将矢量文件栅格化。首先在 IDRISI 软件中通过 File-Import 将.shp 格式的文件转为 IDRISI 软件可以识别的.vec 格式的矢量数据,再通过 Reform 菜单中的 Rastervector 命令将矢量格式的数据转为 OWA 评价时所需的.rst 栅格数据。

通过上述操作,将沿海生态安全评价所需的 26 个指标都转为栅格图像标准化分级图层(图 3-37)。

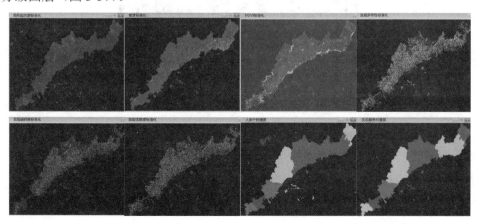

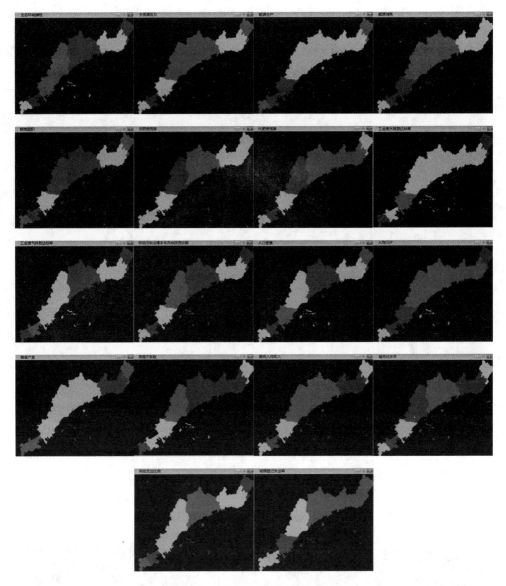

图 3-37　26 项评价指标的栅格图

2. 计算准则权重

本节采用层次分析法确定各指标的准则权重,通过 IDRISI 软件中的 WEIGHT 模块来实现。在模块中输入各层次中每个指标的标准化栅格图层,进行指标间两两比较,确定标度,得到判断矩阵。由计算结果可知,评价指标体系中的各层次单排序与层次总排序均通过一致性检验。评价指标的准则权重值见表 3-6。

表 3-6　辽宁黄海沿岸生态安全评价准则权重计算结果

目标层（A）	要素层（B）	要素层权重	指标层（C）	准则权重
沿海地区生态安全评价（A）	自然生态安全（B1）	0.4348	地形起伏度（C1）	0.0329
			水土流失敏感度（C2）	0.0732
			植被覆盖度（C3）	0.0411
			景观多样性（C4）	0.0420
			景观优势度（C5）	0.0344
			景观破碎度（C6）	0.0685
			人类干扰强度（C7）	0.0818
			生态系统服务功能价值量（C8）	0.0288
			生态环境弹性度（C9）	0.0322
	资源能源安全（B2）	0.1768	水资源压力（C10）	0.0606
			矿产资源支持能力（C11）	0.0286
			能源需求压力（C12）	0.0449
			土地资源生态承载力（C13）	0.0427
	沿海环境安全（B3）	0.2508	农药使用量（C14）	0.0834
			化肥使用量（C15）	0.0683
			工业废水排放达标率（C16）	0.0319
			工业废气排放达标率（C17）	0.0283
			环境污染治理投资额（C18）	0.0390
	社会经济安全（B4）	0.1377	人口密度（C19）	0.0256
			人均 GDP（C20）	0.0140
			单位面积粮食产量（C21）	0.0194
			恩格尔系数（C22）	0.0115
			居民人均可支配收入（C23）	0.0127
			城市化水平（C24）	0.0276
			科教支出占财政支出比例（C25）	0.0121
			城镇登记失业率（C26）	0.0148

3. 计算次序权重

次序权重是对每个指标值的数值大小进行排序，并结合对决策风险的认识来确定。首先根据 26 个指标的数值大小对各个指标的重要性程度进行排序，确定 r_k 最大取 1，最小取 26。根据公式（3-6），计算得到指标重要性指数 w_k 分别为 26/351，25/351，24/351，…，1/351。决策风险系数 α 分别取 0.0001，0.1，0.5，1，3，10，1000，根据公式（3-5），计算出不同风险系数下不同决策水平的次序权重（表 3-7）。

表 3-7　不同风险系数的次序权重计算结果（n=26）

次序权重	指标因子	α→0 (0.000 1)	α=0.1	α=0.5	α=1	α=3	α=10	α→∞ (1 000)
V_1	人均 GDP	1	0.770 84	0.272 17	0.038 46	0.000 406	0	0
V_2	单位面积粮食产量	0	0.053 72	0.109 02	0.038 46	0.002 661	0	0
V_3	化肥使用量	0	0.039 04	0.099 20	0.038 46	0.009 222	0	0
V_4	土地资源生态承载力	0	0.016 61	0.048 01	0.038 46	0.009 475	0	0
V_5	环境污染治理投资额	0	0.018 01	0.056 31	0.038 46	0.018 195	0.000 02	0
V_6	居民人均可支配收入	0	0.014 61	0.049 1	0.038 46	0.024 864	0.000 09	0
V_7	人口密度	0	0.012 19	0.043 46	0.038 46	0.031 682	0.000 31	0
V_8	农药使用量	0	0.010 38	0.038 85	0.038 46	0.038 358	0.000 85	0
V_9	能源需求压力	0	0.008 96	0.034 95	0.038 46	0.044 64	0.002 01	0
V_{10}	矿产资源支持能力	0	0.007 81	0.031 58	0.038 46	0.050 319	0.004 17	0
V_{11}	工业废气排放达标率	0	0.006 86	0.028 59	0.038 46	0.055 222	0.007 81	0
V_{12}	工业废水排放达标率	0	0.006 05	0.025 93	0.038 46	0.059 212	0.013 35	0
V_{13}	生态环境弹性度	0	0.005 36	0.023 49	0.038 46	0.062 184	0.021 14	0
V_{14}	城市化水平	0	0.004 75	0.021 25	0.038 46	0.064 065	0.031 28	0
V_{15}	恩格尔系数	0	0.004 21	0.019 17	0.038 46	0.064 812	0.043 55	0
V_{16}	生态系统服务功能价值量	0	0.003 72	0.017 23	0.038 46	0.064 408	0.057 35	0
V_{17}	人类干扰强度	0	0.003 27	0.015 38	0.038 46	0.062 86	0.071 69	0
V_{18}	科教支出占财政支出比例	0	0.002 86	0.013 63	0.038 46	0.060 2	0.085 28	0
V_{19}	城镇登记失业率	0	0.002 48	0.011 95	0.038 46	0.056 48	0.096 59	0
V_{20}	水资源压力	0	0.002 13	0.010 34	0.038 46	0.051 77	0.104 13	0
V_{21}	地形起伏度	0	0.001 79	0.008 78	0.038 46	0.046 158	0.106 54	0
V_{22}	水土流失敏感度	0	0.001 47	0.007 25	0.038 46	0.039 746	0.102 85	0
V_{23}	景观多样性	0	0.001 16	0.005 76	0.038 46	0.032 648	0.092 64	0
V_{24}	景观破碎度	0	0.000 87	0.004 30	0.038 46	0.024 988	0.076 12	0
V_{25}	景观优势度	0	0.000 57	0.002 86	0.038 46	0.016 9	0.054 13	0
V_{26}	植被覆盖度	0	0.000 29	0.001 43	0.038 46	0.008 523	0.028 13	1
	对应方法	OWA（布尔并集）	OWA	OWA	（WLC）	OWA	OWA	OWA（布尔交集）
	风险态度	乐观，风险最大	轻微乐观	比较乐观	中等风险	比较悲观	轻微悲观	悲观，风险最小

　　注：表中各风险决策水平下的次序权重是由原始计算结果保留 5 位小数进行四舍五入的结果，故指标次序权重之和与 1 有微小差距，但在软件中计算不同风险程度下的生态安全状况时采用的是原始数据计算结果。

4. 基于 OWA-GIS 的辽宁黄海沿岸生态安全评价结果

对各个标准化图层赋予准则权重与次序权重，并在 IDRISI 软件的 MCE 模块中进行综合加权集成，得到不同风险情况下的辽宁黄海沿岸地区生态安全评价结果。

1）α→0 时 OWA-GIS 评价结果分析

本节以风险系数 α 为 0.0001 时的次序权重计算结果来反映 α 无限趋于 0 时的情况。当决策风险系数趋于 0 时，生态安全评价会得到最乐观的结果，同时也是风险最大的结果。从图 3-38 可看出，当风险系数趋于 0 时，辽宁黄海沿岸地区的生态安全状况非常好，大部分地区生态安全指数大于 0.6，处于基本安全与非常安全等级；旅顺口区、大连市区及长海县生态安全指数最高，在 0.79 以上，为非常安全等级；除滨海地带及东港市的零星地区外，其余县市生态安全指数在 0.63～0.78，为基本安全等级。这种决策方式相当于布尔决策的 OR 决定，只要有一个指标满足即可。在这种状况下，评价结果是由次序权重最大的值来决定。由表 3-7 可看出 V_1（人均 GDP）的权重为 1，其他均为 0，因此，当风险系数趋于 0 时，人均 GDP 是决定地区生态安全的最主要因子。这种评价结果着重评价经济指标，决策的风险很大。

图 3-38　α→0 时基于 OWA-GIS 的辽宁黄海沿岸地区生态安全评价结果

2）α=0.1 时 OWA-GIS 评价结果分析

当 α=0.1 时所有 26 个指标都参与评价，评价结果属于轻微乐观，仍然存在很大风险。图 3-39 说明当决策的风险系数为 0.1 时，辽宁黄海沿岸地区的生态安全状况一般，生态安全指数值在 0.46 以上。其中丹东市区、东港市、庄河市的安全指数在 0.46~0.61，安全状况位于临界安全等级，并有过渡到基本安全等级的趋势；而长海县、普兰店区、金州区与大连市区的东部和东南部地区处于基本安全等级，同时普兰店区的大部分地区及金州区渐趋于非常安全等级；旅顺口区生态环境质量最好，处于非常安全等级。这种决策的情况很接近布尔 OR 规则，指标属性值决定的次序权重对评价的结果影响很大。由表 3-7 可知，人均 GDP、粮食产量、化肥使用量、土地资源生态承载力与环境污染治理投资及居民人均收入所占的次序权重相对比较大，特别是人均 GDP 的次序权重达到 0.771，对评价结果具有决定性作用。评价的结果类似于当决策风险趋于 0 的情况，看重社会经济安全，这种评价结果考虑了资源能源承载能力、环境治理等因素，但是环境与资源因素所占比例较小。当决策者比较重视评价经济社会方面因素对生态安全的影响时，可以参考这一评价结果，但是决策的风险很大。

图 3-39　α=0.1 时基于 OWA-GIS 的辽宁黄海沿岸地区生态安全评价结果

3）α=0.5 时 OWA-GIS 评价结果分析

当决策风险系数 α 为 0.5 时，OWA-GIS 的生态安全评价结果如图 3-40 所示，辽宁黄海沿岸地区的生态安全状态不容乐观。其中丹东市的西南部与东北部、大连市区的大部分地区及庄河市中部局部地区处于较不安全等级，生态安全指数在 0.27~0.35；东港市与普兰店区的生态环境状况处于临界安全与基本安全，且基本安全所占比例较大；庄河市与金州区的大部分地区处于基本安全状态，较少比例的临界安全状态零星分布其中；而旅顺口的生态条件最好，大部分地区位于基本安全等级，在东南部地区植被覆盖度大，人为干扰强度也较小，生态环境质量处于非常安全等级；长海县的生态形势比较严峻，大部分地区属于临界安全等级，并且在大长山岛的中部出现小范围的很不安全状态。从表 3-7 可知，当决策风险系数为 0.5 时，社会经济指标（如人均 GDP、居民人均收入）、资源能源承载力指标（如土地资源生态承载力、矿产资源支持能力）、环境污染指标（环境污染治理投资额、工业废水与废气排放达标率、化肥使用量）次序权重值较大，对生态安全评价结果影响较大。当决策者看中社会经济因子、资源能源承载力、环境污染治理方面对生态安全的影响时，可以参考这一评价结果，但是这种决策仍有一定的风险。

图 3-40　α=0.5 时基于 OWA-GIS 的辽宁黄海沿岸地区生态安全评价结果

4）α=1 时 OWA-GIS 评价结果分析

当决策风险系数 α 为 1 时，评价结果属于中等风险。从图 3-41 可知，这种风险决策条件下，生态环境质量较差。大连市区生态局势最为严峻，大部分地区为不安全等级，只有西北部地区处于临界安全等级；旅顺口与长海县的环境条件相对较好，生态安全指数在 0.47 以上；普兰店区、庄河市、东港市生态安全程度居中，在临界安全等级的本底上或分布于基本安全等级；而丹东市的生态安全状况最差，生态安全指数基本在 0.35～0.46。决策风险系数为 1 的策略相当于 WLC 决策，各评价指标的次序权重相等，均为 1/26，没有任何指标对评价的结果具有决定性影响。这种评价结果的决策者认为自然生态安全、资源能源安全、环境质量安全、社会经济安全，各个因素对沿海地区生态安全的评价同等重要，这种策略风险中等。

图 3-41 α=1 时基于 OWA-GIS 的辽宁黄海沿岸地区生态安全评价结果

5）α=3 时 OWA-GIS 评价结果分析

当决策风险系数 α 为 3 时，生态安全评价结果表明，辽宁黄海沿岸地区生态安全状况一般。如图 3-42 所示，旅顺口区生态环境质量较好，生态安全状况为基本安全等级与非常安全等级，且非常安全所占的比例较大；东港市生态环境质量大部分处于基本安全等级，滨海地区及中部局部地区为临界安全状态；普兰店区与大连市区的生态环境较差，区域整体处于临界安全等级，基本安全等级成零散状态分布其中，大连市区的东部和北部地区则完全为临界安全等级；金州区与庄河市生态安全状况相似，临界安全与基本安全并存，且基本安全水平所占的比例大。

图 3-42 α=3 时基于 OWA-GIS 的辽宁黄海沿岸地区生态安全评价结果

在这种决策风险水平下，所有的指标都参与生态安全评价，且各指标的权重不同，次序权重较高的因子对生态安全评价结果影响较大。由表 3-6 可知，能源需求压力、矿产资源支持能力、水资源压力、工业废气排放达标率、工业废水排放达标率、城市化水平、城镇登记失业率、恩格尔系数、生态系统服务功能价值量、生态环境弹性度、人类干扰强度、地形起伏度、水土流失敏感度所占的比例相对较大。所以当决策者比较重视资源能源安全和自然生态系统本底安全，并且考虑社会安定对生态环境质量的影响时，可以采取这一评价结果，这种决策的风险也相对较小。

6）α=10 时 OWA-GIS 评价结果分析

由图 3-43 可知，当决策风险系数 α 为 10 时，辽宁黄海沿岸地区的生态安全水平较高。旅顺口区、长海县生态安全度完全处于非常安全等级，指数为 0.65～0.77；金州区完全处于基本安全等级，生态安全指数在 0.52～0.64 内；大连市区西北部地区处于基本安全等级，而东部和南部地区仍处于临界安全等级；丹东市、东港市、庄河市环境质量较好，处于安全等级；普兰店区大部分地区位于基本安全等级，但是局部地区的临界安全状态影响了区域整体生态安全状况。由表 3-7 可知，生态系统服务功能价值量、人类干扰强度、地形起伏度、水土流失敏感度、景观多样性、景观破碎度、景观优势度、科教支出占财政支出比例、城镇登记失业率所占的次序权重较大，这些因素对评价结果影响较大，人均 GDP、单位面积粮食产量、化肥使用量、土地资源生态承载力的次序权重为 0，其他环境污染及资源能源安全方面的指标次序权重也很小。当决策者在生态安全评价中特别重视自然生态系统本底健康水平，稍微考虑社会经济因素，而基本不考虑资源能源承载力与环境污染因素时可以选择这种评价结果，决策的风险较小。

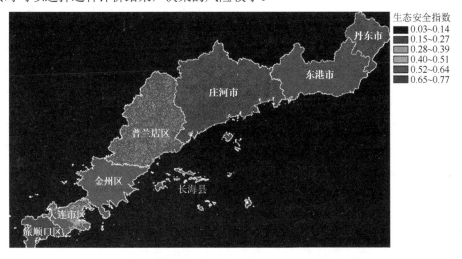

图 3-43　α=10 时基于 OWA-GIS 的辽宁黄海沿岸地区生态安全评价结果

7）α→∞时 OWA-GIS 评价结果分析

本节利用风险系数 α=1000 时的次序权重计算结果来表征 α 趋于无穷大时的情况。由图 3-44 可知，当决策风险系数无穷大时，辽宁黄海沿岸地区的生态安全状况非常差，生态安全指数不足 0.1。这种决策相当于布尔决策的 AND 操作，即在评价时所有的指标都必须满足 1，这种评价结果非常悲观，战略决策者规避所有的风险，决策的风险很小，但是不符合实际情况，也难以应用在实际操作中。

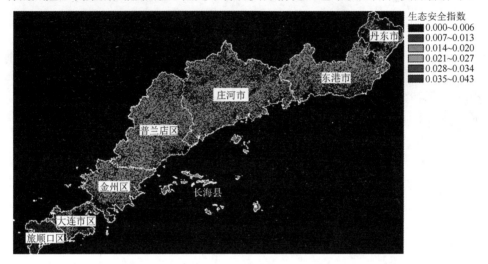

图 3-44　α→∞时基于 OWA-GIS 的辽宁黄海沿岸地区生态安全评价结果

3.3　小　　结

辽宁沿海地区是我国北方经济发展较好的地区，工业基础雄厚，从南向北依次是大连市的旅顺口区、大连市区、普兰店区、金州区以及丹东市区。该地区人类活动频繁，生态安全受到一定威胁。本章首先阐述了基于 OWA 方法的生态安全空间多准则评价原理，进而对辽宁黄海沿岸地区进行 OWA-GIS 多准则评价，搜集各项指标并将其标准化，得出地形起伏度、水土流失敏感度、植被覆盖度等共计 26 项评价指标，并将其栅格化，进而进行权重计算，分析得出不同决策风险系数的生态安全状况。

第4章 基于 CA-Markov 模型的土地生态安全评价

4.1 基于 CA-Markov 模型的大连市旅顺口区土地生态安全评价

4.1.1 土地生态安全时空演变模型的建立

4.1.1.1 基于 GIS 的土地生态安全评价模型

土地生态安全评价模型的建立是时空演变研究的基础，生态安全评价研究选择的评价指标体系是否科学严谨是评价结果是否客观的重要基础依据，更是作为土地生态安全演变仿真模拟研究的基本要求。将 GIS 平台与评价指标体系模型结合是近年来研究地理空间问题的一大重要技术手段，相较单纯的评价指标体系更能体现地理问题的空间差异。土地生态安全评价作为具有明显地理空间特征的研究课题，运用 GIS 平台则更能将其空间差异性体现出来。

模型运用 GIS 平台中的 ArcGIS 软件，结合遥感解译数据和社会经济指标数据，建立评价指标体系以及格网数据库，最终采用被广泛使用的加权平均综合法确定评价结果，并划分土地生态安全等级。

1. 评价指标体系（DPSIR）的建立

DPSIR 指标体系是由欧洲环境署对 PSR 指标体系进行修正后提出的"驱动力（driving force）-压力（pressure）-状态（state）-影响（impact）-响应（response）"模型，该指标体系可以从系统的角度看待人与自然环境之间的关系，更具有系统性、综合性的特点（张兵等，2011）。在整个指标体系中，驱动力（D）代表引起土地生态安全变化的起因，压力（P）代表引起土地生态安全发生变化的直接原因，状态（S）代表承受着人类活动造成的压力的土地生态系统所处的状态，影响（I）是指土地生态安全变化后的影响，响应（R）是指将土地生态系统恢复到初始的安全状态，同时可以维持人类正常的生产生活活动所采取的措施。DPSIR 指标体系层次分明，在土地生态安全评价的应用中，它能够反映经济、环境、资源之间的因果关系。

本章采用层次分析法建立指标体系，以土地生态安全评价（A）为目标层，以驱动力（B1）、压力（B2）、状态（B3）、影响（B4）、响应（B5）为中间层，共选用 20 个指标作为指标层，如图 4-1 所示。

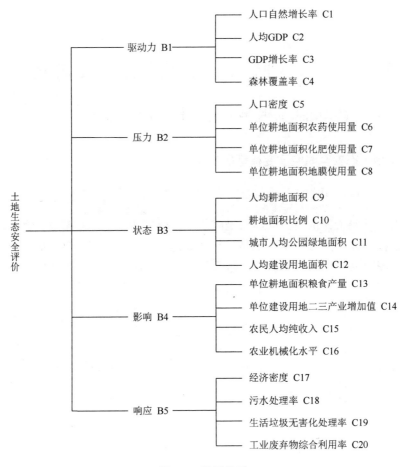

图 4-1　指标体系

2. GIS 格网数据库的构建

空间格网是网络技术飞速发展和网络应用需求增加的必然产物,是当前信息社会中信息网络的一项重要基础设施。格网技术已成为数字地球建设中的核心技术,并在数字城市空间信息应用服务领域中有广阔的应用。如商业化的各种数字地图以及各种规划利用图均利用空间格网实现其对区域分异的表现和数据的处理、分析、储存等功能。

在格网数据库中,格网是指标因子的数据载体,所以用 ArcGIS 的创建渔网功能,制作一张能够覆盖研究区域的方形格网,并且根据研究需要定义适当的单元格尺度。在 ArcGIS 中,首先添加研究区范围的矢量图,以其为模板,运用 ArcToolbox 中数据管理工具-要素类-创建渔网功能,创建 GIS 格网。本节创建 200 m×200 m 的格网,如图 4-2 所示。

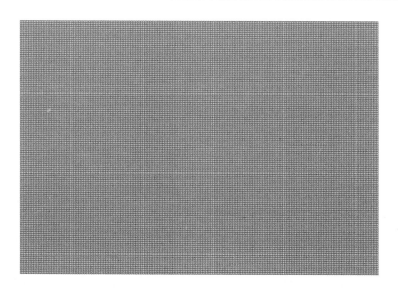

图 4-2　创建格网

格网创建后，将所创建的格网图层文件与前期提取的各个地类的土地利用分类图叠加，使用 ArcGIS 中的裁剪工具，裁剪出适合的边界格网图，再打开属性表，开始创建 GIS 格网数据库。主要包括以下数据：

（1）人口自然增长率。人口的繁衍和自然增长主要发生在城市区域以及各个居民点（乡镇、村庄）。本节将城市、乡镇、村庄根据遥感数据统一分类为建筑用地，因此将人口自然增长率的标准化值平均赋值到其中的各个格网中。

（2）人均 GDP。生产生活所产生的 GDP 都是由从事第一、二、三产业的劳动者通过劳动所得，也应赋值到建筑用地格网数据库中。

（3）GDP 增长率。GDP 的增长是由多个方面的因素导致的，但二、三产业的发展和人的消费是其增长的主要原因。因此，本节将其标准化值平均赋值到建筑用地格网数据库中。

（4）森林覆盖率。一个区域土地上森林覆盖率的高低直接影响该区域生态环境的好坏以及物种多样性的高低，同时也对区域产业发展和城市建设具有很大的影响。森林覆盖率主要指自然林地和人工林地面积占所在区域土地面积的百分数，本节将其标准化值平均赋值到林地格网数据库中。

（5）人口密度。人口活动范围主要集中在城市及乡镇、农村区域，本节所计算的人口密度由该年度（2004 年、2009 年、2014 年）内区域常住人口数与建筑用地面积相除求得。将人口密度的标准化值平均赋值到建筑用地格网数据库中。

（6）单位耕地面积农药使用量。农药使用后下渗到土壤中会造成土壤环境污染，单位耕地面积农药使用量已成为目前影响土地生态安全的一项重要指标，且农药具有长效性、渐变性和积聚性的特点。本节将汇总研究区三期农业用地的农药使用情况，将其格网化。

（7）单位耕地面积化肥使用量。化肥的使用增加了农作物的产量，同时也造成了当今农业过度依赖化肥的恶性循环，大量化肥的滥用导致土壤板结、地力下降、耕地盐碱化等恶果。本节依据研究区单位面积化肥使用量，运用 GIS 格网，将其标准化后的指标赋值到耕地格网数据库中。

（8）单位耕地面积地膜使用量。地膜的使用不仅能提高农作物的产量，同时还抗旱、抗寒、防病虫害，是现代农业的一大发展；但长期使用不可降解的地膜也造成了植物根系对水分和空气的吸收障碍。本节将其作为影响土地生态安全的一项重要指标，将其标准化值赋值到耕地格网数据库中。

（9）人均耕地面积。城市建成区的不断扩张，主要侵占的是城区周围的肥沃耕地，造成耕地面积减少。所以，人均耕地面积对于土地生态安全评价具有重要意义。本节将遥感数据提取的耕地面积与同时期人口数相除，得到三期人均耕地面积的数值，标准化后赋值到耕地格网数据库中。

（10）耕地面积比例。耕地面积占所研究区域的比例是一个区域土地利用效率和景观多样性的重要指标。本节将其三期遥感解译后的面积分别与总面积相除后求得耕地面积比，标准化后赋值到耕地格网数据库中。

（11）城市人均公园绿地面积。城市是否宜居与城市人均公园绿地面积息息相关。本节将其标准化后赋值到建筑用地格网数据库中。

（12）人均建设用地面积。人均建设用地面积是衡量城市居住生活水平的重要指标。本节将其标准化后赋值到建筑用地格网数据库中。

（13）单位耕地面积粮食产量。粮食总产量与耕地总面积的比值为单位耕地面积粮食产量，将其标准化后赋值到耕地格网数据库中。

（14）单位建设用地二、三产业增加值。二、三产业增加值与建设用地面积的比值为单位建设用地二、三产业增加值，将其标准化后赋值到建设用地格网数据库中。

（15）农民人均纯收入。将农民人均纯收入标准化后赋值到建设用地格网数据库中。

（16）农业机械化水平。农业机械化水平是指农业生产中使用机械设备作业的数量占总作业量的比例，将其标准化后赋值到耕地格网数据库中。

（17）经济密度。经济密度是指本期数据的 GDP 与建筑用地面积的比值，将其标准化后赋值到建筑用地格网数据库中。

（18）污水处理率。污水处理率是指污水处理量与污水排放量的比值，将其标准化后赋值到建筑用地格网数据库中。

（19）生活垃圾无害化处理率。生活垃圾无害化处理率指生活垃圾无害化处理量与生活垃圾产生量的比值，将其标准化后赋值到建筑用地格网数据库中。

（20）工业废弃物综合利用率。工业废弃物综合利用率指工业废弃物综合利用量与工业废弃物产生量的比值，将其标准化后赋值到建筑用地格网数据库中。

将各地类分别格网化建立数据库后，运用 ArcGIS 中的合并工具将每期数据分别合并为一个图层，建立综合的格网数据库。

3. 土地生态安全指数测算

1）评价指数的计算

本节参考前人研究成果综合土地生态安全评价所运用的各种公式模型，将土地利用类型、邻域和面积作为评价的重要指标，最终采用加权平均综合法求得。其公式为

$$\text{ESI} = \frac{A_k}{A} \times \sum_{i=1}^{n} X_i \times W_i \tag{4-1}$$

式中，ESI 为评价对象的生态安全指数；A_k 为单个评价单元内第 k 类土地类型面积；A 为单个评价单元的面积；X_i 为评价指标 i 的标准化值；W_i 为第 i 项指标的权重。

2）权重的确定

在土地生态安全评价的过程中，由于评价目的或目标的不同，对各个评价指标重要程度的判断也会有所不同。权重（weight）就是用来衡量各评价指标相对重要程度的量，权重值越大，则该指标在评价过程中的重要程度越高，反之，则越低。

目前，在土地生态安全评价中确定指标权重的方法有很多，这些方法主要分为两大类：一类是主观赋权法。具体是指评估者按照自己的经验分析各指标的重要程度进而赋予权重的一种方法，主要有层次分析法（AHP）、二项系数法、意义推求法、循环评分法等。另一类是客观赋权法。具体是仅从指标自身的影响来确定权重的方法，主要有熵值法、阈值法、聚类分析法、变异系数法等。在实际问题的研究中，单纯运用主观赋权法或客观赋权法都容易造成指标权重的赋值不合理。

在土地生态安全评价过程中，各个指标权重的确定是最复杂、最容易引起争议的问题之一（Dumanski et al.，1996）。各种赋权方法各有其优缺点，但层次分析法仍是目前应用最多的一种方法，其优点是简单、容易实现、可以将经验数值化；缺点是主观性较强，易受人为因素影响。因此，在确定权重时，应充分认识和了解各评价指标的影响，尽量做到用主观方法客观评价。

本节指标体系的权重是以 DPSIR 模型为基础，分别运用变异系数法和层次分析法进行分析，再利用综合权重法加权得出综合权重。

i. 变异系数法

变异系数法，又称离散系数法，是一种客观的赋值方法。此方法的基本做法是在评价指标体系中，选择指标取值差异较大的指标，也就是较难以实现的指标，

这样的指标更能反映被评价指标单位差距。各项指标权重计算公式如下（储莎等，2011）：

首先对数据进行标准化处理：

$$Y_{ij} = \frac{X_{ij} - X_{j\min}}{X_{j\max} - X_{j\min}} (i=1,2,\cdots,n; j=1,2,\cdots,m) \tag{4-2}$$

式中，Y_{ij} 为经过无量纲化处理的第 i 个评价对象的第 j 个评价指标值；$X_{j\min}$ 和 $X_{j\max}$ 分别为第 j 个评价指标的最小值与最大值。

然后求出指标的平均数 Y_j 和标准差 S_j：

$$Y_j = \frac{1}{n} \sum_{i=1}^{n} Y_{ij} (j=1,2,\cdots,m) \tag{4-3}$$

$$S_j = \sqrt{\frac{1}{n-1} \sum_{i=1}^{n} (Y_{ij} - Y_j)^2} (j=1,2,\cdots,m) \tag{4-4}$$

最后计算各个指标的变异系数 V_j 和权重 W_j：

$$V_j = \frac{S_j}{Y_j} (j=1,2,\cdots,m) \tag{4-5}$$

$$W_j = \frac{V_j}{\sum_{i=1}^{m} V_j} (j=1,2,\cdots,m) \tag{4-6}$$

ii. 层次分析法

层次分析法是相对比较主观的一种权重计算方法，相较变异系数法而言，弥补了其客观条件下人的决策对于社会经济指标的权重影响。层次分析法可分为五个步骤：建立层次结构框架、构建判断矩阵、层次单排序、层次总排序、一致性检验。本节运用 Yaahp 软件计算出各指标的权重。

iii. 综合权重法

由于变异系数法和层次分析法相对均有其优势和缺点，如层次分析法相对主观性太强，变异系数法过于客观，与现实情况区别有异，所以本节将这两种方法线性综合加权，得出综合权重，以增加其科学性和准确性。其公式为

$$W = aW_1 + bW_2 \tag{4-7}$$

式中，W_1 和 W_2 为分别用变异系数法和层次分析法得出的指标权重；a 和 b 为线性系数，本节赋值为 $a=b=0.5$。由此得到最终的综合权重。

3）评价等级的划分

土地生态安全评价的前提之一就是土地生态安全等级的划分，近年来许多研究机构及研究人员对土地生态安全以及对土地生态安全评价等级进行划分。本节结合前人的研究经验并结合该区域的特点，建立适合研究区特点的土地生态安全

等级（乌云嘎等，2015；冯文斌等，2013），如表 4-1 所示。

表 4-1　土地生态安全等级的划分

生态安全等级	安全	较安全	一般安全	临界安全	一般不安全	较不安全	不安全
生态安全指数	0.9~1	0.75~0.9	0.6~0.75	0.45~0.6	0.3~0.45	0.15~0.3	0~0.15

4.1.1.2　土地生态安全时空演变模型

CA-Markov 模型一般用来模拟和预测土地利用的变化，其基本原理是将元胞自动机（cellular automata，CA）与马尔可夫（Markov）转移矩阵相结合，使其在空间转换和数量转换上的优势均体现出来，从而达到精准的模拟和预测。

1. CA-Markov 模型原理

CA-Markov 模型由 Markov 转移矩阵模块和 CA 模块组成，二者具有相辅相成的作用。Markov 转移矩阵能够在数量上准确地表现各地类之间的转化规律，同时，CA 模块能在空间上智能地处理和预测地类间的元胞之间的转化。CA-Markov 模型将二者予以结合，充分综合了二者在空间和数量上的预测优势，能更加精确地预测未来土地利用的变化趋势。

Markov 过程是指在有限的时间序列 $t_1<t_2<t_3<\cdots<t_n$ 中，任意时刻 t_n 的状态 a_n 只与 t_{n-1} 时刻状态 a_{n-1} 有关，而与 t_{n-1} 时刻之前状态无关（即状态转移是无后效性的）（杨俊等，2015；Fitzpatrick et al.，1999）。在土地利用/覆被变化研究中，利用 Markov 过程，将土地利用类型进行面积数量或比例转换作为状态转移概率，可用下式对土地利用结构变化状态进行预测。

$$S(t) = P_{ij} + S(t_0) \tag{4-8}$$

式中，$S(t)$ 和 $S(t_0)$ 分别为 t 和 t_0 时刻土地利用结构状态；P_{ij} 为状态转移矩阵，可由式（4-9）表示。

$$P_{ij} = \begin{bmatrix} P_{11} & P_{12} & \cdots & P_{1n} \\ P_{21} & P_{22} & \cdots & P_{2n} \\ \vdots & \vdots & \ddots & \vdots \\ P_{n1} & P_{n2} & \cdots & P_{nn} \end{bmatrix} \left[0 \leqslant P_{ij} < 1 且 \sum_{j=1}^{N} P_{ij} = 1, (i,j=1,2,\cdots,n) \right] \tag{4-9}$$

元胞自动机由元胞单元、元胞空间、邻域和规则 4 部分组成，是具有时空计算特征的动力学模型（汪佳莉等，2015）。其特点是时间、空间、状态都离散，每个变量都只有有限多个状态，而且状态改变的规则在时间和空间上均表现为局部特征，中心单元元胞的状态常常取决于邻域的状态，普通的 CA 模型可用式（4-10）表示（王耕等，2013；王友生等，2011）。

$$S(t+1) = f(S(t), N) \tag{4-10}$$

式中，S 为元胞有限、离散的状态集合；N 为元胞的邻域；t 为时间；f 为局部空间元胞的转化规则，元胞是划分地理空间的最小单元。

Markov 模型与 CA 模型均为时间离散、状态离散的动力学模型，但是 Markov 模型预测没有空间变量，而 CA 模型的状态变量则与空间位置紧密相连。所以将二者有机结合，可以降低确定转换规则的难度，同时可以减少人为因素的干扰。通过 CA-Markov 模型对土地利用覆盖变化过程进行预测（胡雪丽等，2013），具体过程如下：

（1）创建转化规则。将解译好的栅格图加入随机影响变量，并求出转移概率矩阵以及转移概率图像。

（2）构造 CA 滤波器。根据元胞和周围一定范围内的元胞关系，建立具有空间意义的权重因子，使其作用于元胞，从而确定元胞的状态改变。本节将每个元胞周围的元胞矩阵作为其邻域元胞，构成滤波器。

（3）确定起始时刻和 CA 循环次数。以 2009 年旅顺口区土地生态安全状态为起始时刻，CA 循环次数取 5，对未来土地生态安全状态进行模拟。

2. CA-Markov 模型构建

本节在前人研究的基础上，将 CA-Markov 模型首次应用于生态安全演变的模拟和预测上，将其主要用于土地利用变化的功能进一步拓展到对于静态评价的动态演变模拟。CA-Markov 模型基于 IDRISI 软件，其具有强大的空间分析能力和模块化的仿真模拟及预测功能，CA-Markov 模块只是其中一个常用于土地利用动态监测的模块，包括 Markov 和 CA-Markov 两个实现过程。

在 ArcGIS 软件中将土地生态安全格网数据库建立并完成后，将其按照划定的不同指标值分类（本节分七个等级，分别为不安全、较不安全、一般不安全、临界安全、一般安全、较安全和安全等级），并作出土地生态安全评价图，最终导出地图并转换为 TIFF 格式的栅格文件。

在 IDRISI 软件中，运用 Import 功能中 Desktop Publishing Formats 中的 GEOTIFF/TIFF 模块，将 TIFF 格式的土地生态安全评价图转换为 IDRISI 软件中的栅格格式文件（.rst），如图 4-3 所示。

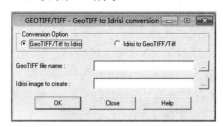

图 4-3　TIFF 格式转换为 IDRISI 软件的栅格格式

　　转换完成后得到的图像无法在 IDRISI 软件中直接显示，由于 TIFF 格式文件本身为三个波段（RGB）叠加显示的效果，所以需要将其进行叠加才能正常显示。IDRISI 软件中 OVERLAY 模块可实现此功能。在工具栏上点击 OVERLAY 模块，将三个波段依次叠加，得到效果图（图 4-4）。

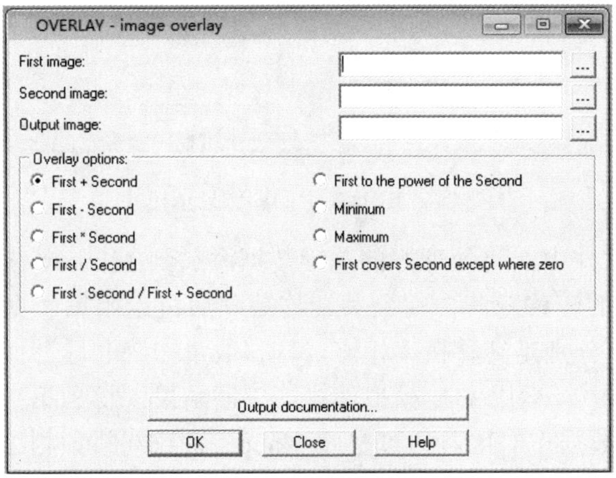

图 4-4　叠加显示模块

　　将数据图叠加后，得到可以在 IDRISI 软件中显示的图像，但其类别是混乱的。原因是不同的 GIS 平台保存的格式之间具有不同的运算方法，虽然基础属性没变，但不同软件（ArcGIS 和 IDRISI）在数据处理上的区别，导致类别对应上有偏差，所以需要运用 IDRISI 软件中的 RECLASS 功能，即重分类，使三期评价结果图在 IDRISI 软件中的显示效果能一一对应，如图 4-5 所示。

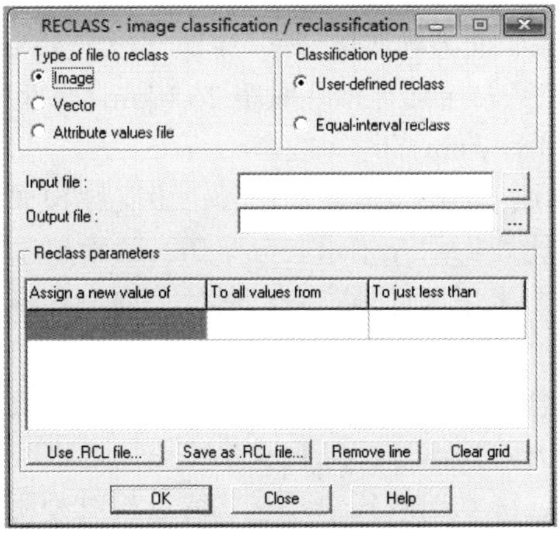

图 4-5　重分类模块

　　最终处理的基础数据图运用 DISPLAY 工具显示，如图 4-6 所示。

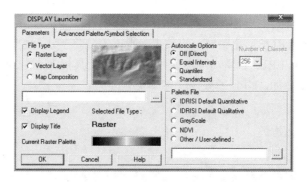

图 4-6　IDRISI 中的图像显示模块

在 IDRISI 软件中，将处理好的基础数据添加到 Markov 模块中，首先计算其两期数据之间的转移矩阵，得到其转移矩阵后再运用第二期数据和转移矩阵（包括三个文件，分别是转移概率矩阵、转移数量矩阵和转移面积矩阵）添加到 CA-Markov 模块中，运用 CA 模拟计算第三期结果。得到第三期的模拟结果后再与实际第三期数据作对比，通过空间 Kappa 系数判断预测结果是否合理，若达到标准，则继续用后两期数据重复前面操作，预测将来研究区的土地生态安全状态。

4.1.2　大连市旅顺口区土地生态安全实证评价

4.1.2.1　研究区概况

旅顺口区位于辽东半岛最南端，东、南方向濒临黄海，并与山东半岛隔海相望，与朝鲜半岛跨海毗邻；西、北方向依傍渤海，且与天津新港一衣带水，与北戴河海滨遥遥媲美；东、北方向连接陆路，同时与大连市甘井子区接壤，距大连市区 32 km。大连市旅顺口区陆地南北纵距 26.1 km，东西横距 31.2 km，总面积 506.8 km²，具有长达 169.7 km 的海岸线。

旅顺口区全境均属沿海丘陵地带，由长白山支脉构成，东高西低，平均海拔 140 m 左右，地形构成为六丘半水三分半田。陆地属于辽东半岛低山丘陵的一部分，多山地丘陵，少平原低地；海岸曲折，港湾众多，海岸地貌千姿百态复杂多样。

旅顺口区具有北温带季风气候特征，四季分明，春秋长、冬夏短，日光充足，雨量适中，兼有大陆和海洋性气候双重特点。这里一年四季节气变化较为明显，空气湿润温和，降水比较集中，季节特点相对分明，冬无严寒、夏无酷暑，基本呈现出"春早晚夏、秋先冬迟"的特征，年平均气温 10℃左右，最高温度 27.5℃，最低温度-8.2℃，无霜期 186 天，年平均相对湿度 66% 左右，日照数可达 2700 h。

　　旅顺口区历史悠久，人文气息浓厚，又是我国少有的天然的候鸟迁徙集聚区，为此其拥有多个国家级自然保护区，动植物种类丰富。与此同时，旅顺口区由于近三十年来的飞速发展，大量人口涌入，城区面积不断扩大，自然林地面积逐步萎缩，优质耕地被逐年侵占，同时开荒为耕地更加压缩天然林地和水域的面积。旅游业的发展也对当地的生态环境产生了一定的影响，造成动植物种类减少。尤其是快速的城镇化建设，阻隔了野生动物迁徙所必需的适合廊道，将其阻隔在一个个生态孤岛上，非常不利于野生动植物的繁衍和生物多样性的保持。

　　目前，关于旅顺口区的研究，尤其是地理相关及生态安全演变方面的研究相对较少，学者一般更为关注经济发展更加迅速的区域和生态破坏更加明显的区域，作者将旅顺口区作为研究区正是出于此目的。旅顺口区的历史、人文、自然、生态价值均十分重要，所以，对旅顺口区的土地生态安全研究迫在眉睫。研究区位置及范围见图 4-7。

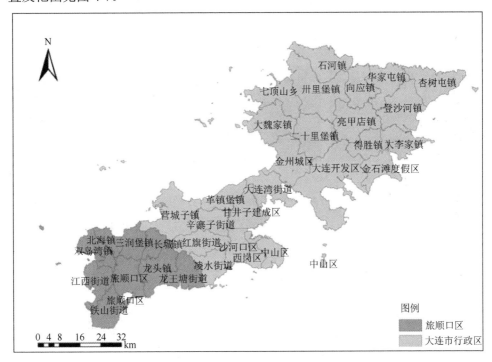

图 4-7　研究区位置及范围图

4.1.2.2　土地生态安全数据收集与处理

　　本节需用到的遥感影像数据（TM 影像数据）来源于美国地质勘探局网站，同时搜集了大连市和旅顺口区的行政区划矢量地图和土地利用规划图等。同时，本节还需要用到一些社会统计数据和经济数据，均来自 2005 年、2010 年以及 2015

年的《大连市统计年鉴》《旅顺口区统计年鉴》《大连环境统计公报》《大连国土资源》等资料。

1. 遥感数据的收集与处理

数据处理从遥感影像的处理开始，运用 ENVI5.1，将三期（2004 年、2009 年以及 2014 年）遥感影像进行波段融合和裁剪处理。图 4-8 和图 4-9 是其在不同波段组合条件下显示的影像图。

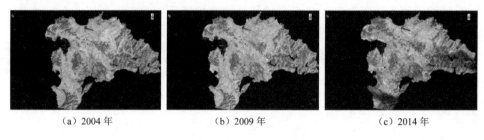

　　（a）2004 年　　　　　　　（b）2009 年　　　　　　　（c）2014 年

图 4-8　旅顺口区三期真彩色影像

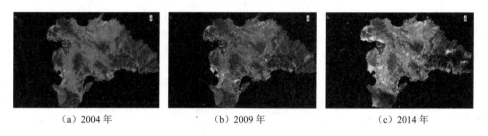

　　（a）2004 年　　　　　　　（b）2009 年　　　　　　　（c）2014 年

图 4-9　旅顺口区三期假彩色影像

运用 ENVI 软件中的 classification workflow 工具（一个集成化监督分类工具包），对三期影像分别进行监督分类。classification workflow 工具具有监督分类、分类后处理（小斑块的处理）以及分类后矢量化等一系列集成功能，将三期影像分别分为五大地类，即建筑用地、林地、耕地、水域、未利用地，最终得到三期土地利用分类图（图 4-10～图 4-12）。

经过 ENVI 软件中 classification workflow 工具的分类结果可以得到两类数据：一类是.dat 格式的 ENVI 栅格数据（也可直接导入 ArcGIS 中），另一类是.shp 格式的矢量面数据，即可直接在 ArcGIS 中成图，得到三期土地利用分类图，同时将其中的.shp 格式的数据导入 ArcGIS 中，打开数据表，其中包含解译后各土地利用类型的各个斑块的地类属性和面积数据等，将五种地类分别提取出来，为创建格网数据库作基础。

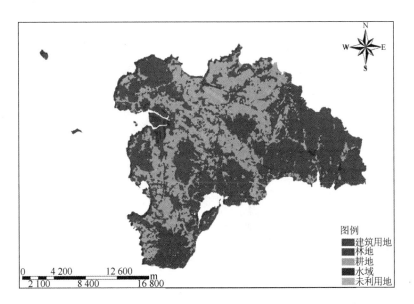

图 4-10　2004 年土地利用分类图

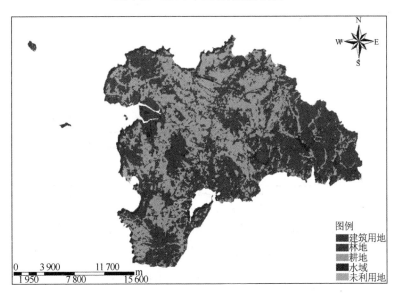

图 4-11　2009 年土地利用分类图

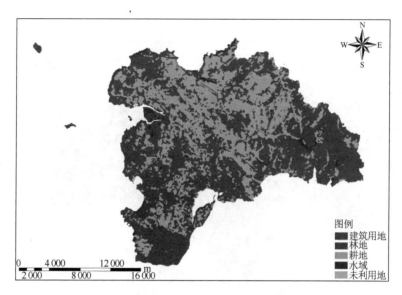

图 4-12　2014 年土地利用分类图

　　本节除遥感数据外，还需要各种社会经济数据作为分析和处理的重要指标。通过查阅各种年鉴和统计公报，筛选出不同统计口径下的不同数据，同时在 Excel 中做归纳整理，与遥感数据相同，整理出三期数据，为建立 DPSIR 指标体系做基础。

　　2. 多源数据标准化与权重

　　运用数据标准化原理，将前期处理的格网数据进行归一化处理，将其数值化为 0~1 的数值，以便解决单位不同而导致的无法进行统一计算的问题。

　　本节运用变异系数法对统计数据进行标准化处理，公式如下：

$$Y_{ij} = \frac{X_{ij} - X_{j\min}}{X_{j\max} - X_{j\min}} \quad (i = 1, 2, \cdots, n; j = 1, 2, \cdots, m) \tag{4-11}$$

式中，Y_{ij} 为经过无量纲化处理的第 i 个评价对象的第 j 个评价指标值；$X_{j\min}$ 和 $X_{j\max}$ 分别为第 j 个评价指标的最小值与最大值。

　　由于数据量较大，所以截取其中一部分，如图 4-13 所示。

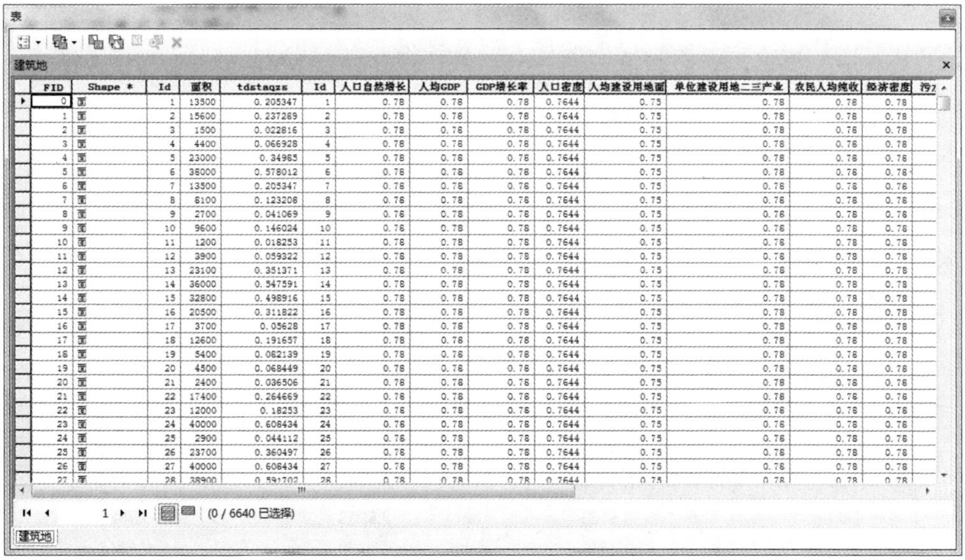

表

建筑地

FID	Shape *	Id	面积	tdstaqzs	Id	人口自然增长	人均GDP	GDP增长率	人口密度	人均建设用地面	单位建设用地二三产业	农民人均纯收	经济密度	污
0	面	1	13500	0.205347	1	0.78	0.78	0.78	0.7644	0.75	0.78	0.78	0.78	
1	面	2	15600	0.237269	2	0.78	0.78	0.78	0.7644	0.75	0.78	0.78	0.78	
2	面	3	1500	0.022816	3	0.78	0.78	0.78	0.7644	0.75	0.78	0.78	0.78	
3	面	4	4400	0.066928	4	0.78	0.78	0.78	0.7644	0.75	0.78	0.78	0.78	
4	面	5	23000	0.34965	5	0.78	0.78	0.78	0.7644	0.75	0.78	0.78	0.78	
5	面	6	38000	0.578012	6	0.78	0.78	0.78	0.7644	0.75	0.78	0.78	0.78	
6	面	7	13500	0.205347	7	0.78	0.78	0.78	0.7644	0.75	0.78	0.78	0.78	
7	面	8	8100	0.123208	8	0.78	0.78	0.78	0.7644	0.75	0.78	0.78	0.78	
8	面	9	2700	0.041069	9	0.78	0.78	0.78	0.7644	0.75	0.78	0.78	0.78	
9	面	10	9600	0.146024	10	0.78	0.78	0.78	0.7644	0.75	0.78	0.78	0.78	
10	面	11	1200	0.018253	11	0.78	0.78	0.78	0.7644	0.75	0.78	0.78	0.78	
11	面	12	3900	0.059322	12	0.78	0.78	0.78	0.7644	0.75	0.78	0.78	0.78	
12	面	13	23100	0.351371	13	0.78	0.78	0.78	0.7644	0.75	0.78	0.78	0.78	
13	面	14	36000	0.547591	14	0.78	0.78	0.78	0.7644	0.75	0.78	0.78	0.78	
14	面	15	32800	0.498916	15	0.78	0.78	0.78	0.7644	0.75	0.78	0.78	0.78	
15	面	16	20500	0.311822	16	0.78	0.78	0.78	0.7644	0.75	0.78	0.78	0.78	
16	面	17	3700	0.05628	17	0.78	0.78	0.78	0.7644	0.75	0.78	0.78	0.78	
17	面	18	12600	0.191657	18	0.78	0.78	0.78	0.7644	0.75	0.78	0.78	0.78	
18	面	19	5400	0.082139	19	0.78	0.78	0.78	0.7644	0.75	0.78	0.78	0.78	
19	面	20	4500	0.068449	20	0.78	0.78	0.78	0.7644	0.75	0.78	0.78	0.78	
20	面	21	2400	0.036506	21	0.78	0.78	0.78	0.7644	0.75	0.78	0.78	0.78	
21	面	22	17400	0.264669	22	0.78	0.78	0.78	0.7644	0.75	0.78	0.78	0.78	
22	面	23	12000	0.18253	23	0.78	0.78	0.78	0.7644	0.75	0.78	0.78	0.78	
23	面	24	40000	0.608434	24	0.78	0.78	0.78	0.7644	0.75	0.78	0.78	0.78	
24	面	25	2900	0.044112	25	0.78	0.78	0.78	0.7644	0.75	0.78	0.78	0.78	
25	面	26	23700	0.360497	26	0.78	0.78	0.78	0.7644	0.75	0.78	0.78	0.78	
26	面	27	40000	0.608434	27	0.78	0.78	0.78	0.7644	0.75	0.78	0.78	0.78	
27	面	28	38900	0.591702	28	0.78	0.78	0.78	0.7644	0.75	0.78	0.78	0.78	

1 (0 / 6640 已选择)

建筑地

图 4-13　多元数据标准化值

利用综合权重法求得旅顺口区生态安全指标的权重，如表 4-2 所示。

表 4-2　指标权重确定结果

	指标	权重		
		变异系数法	层次分析法	综合权重
驱动力	人口自然增长率	0.0659	0.0431	0.0545
	人均 GDP	0.0411	0.0148	0.0280
	GDP 增长率	0.0692	0.1452	0.1072
	森林覆盖率	0.0637	0.0498	0.0567
压力	人口密度	0.0397	0.0231	0.0314
	单位耕地面积农药使用量	0.0597	0.0103	0.0350
	单位耕地面积化肥使用量	0.0443	0.0394	0.0419
	单位耕地面积地膜使用量	0.0762	0.0123	0.0443
状态	人均耕地面积	0.0415	0.0093	0.0254
	耕地面积比例	0.0416	0.0305	0.0360
	城市人均公园绿地面积	0.0431	0.0124	0.0278
	人均建设用地面积	0.0390	0.0395	0.0392
影响	单位耕地面积粮食产量	0.0407	0.0380	0.0394
	单位建设用地二、三产业增加值	0.0468	0.0133	0.0301
	农民人均纯收入	0.0474	0.0346	0.0410
	农业机械化水平	0.0713	0.0813	0.0763
响应	经济密度	0.0468	0.0557	0.0513
	污水处理率	0.0393	0.1113	0.0753
	生活垃圾无害化处理率	0.0388	0.0787	0.0587
	工业废弃物综合利用率	0.0437	0.1574	0.1005

4.1.2.3　大连市旅顺口区土地生态安全评价

1.　土地生态安全状态评价与分析

依据"驱动力-压力-状态-影响-响应"模型结构构建的指标体系及综合权重法,运用加权平均综合评价法计算研究区每个评价单元的土地生态安全指数。根据每个评价单元的土地生态安全指数,综合评价单元面积、综合各街道的实际面积,得到大连市旅顺口区土地生态安全指数,如表 4-3 所示。

表 4-3　大连市旅顺口区街道土地生态安全指数

街道	2004 年	2009 年	2014 年
旅顺口	0.2429	0.4712	0.5578
长城镇	0.2399	0.4573	0.5598
龙王塘街道	0.3123	0.5953	0.7087
铁山街道	0.2559	0.4870	0.6015
江西街道	0.2394	0.4763	0.5767
双岛湾镇	0.2383	0.4743	0.5590
三涧堡镇	0.2221	0.4277	0.5350
龙头镇	0.2798	0.5188	0.6310
北海镇	0.2550	0.4890	0.5816

将表 4-3 绘制成折线图,如图 4-14 所示。

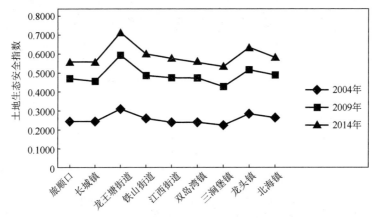

图 4-14　大连市旅顺口区土地生态安全指数图

从图 4-14 可以看出:①由于土地生态安全指数为一个相对值,所以根据图 4-14 可以看出各个街道的土地生态安全指数均有所上升,呈逐年增加的趋势,尤以 2014 年最高;②同一年之中,不同街道的土地生态安全指数均有不同,以 2014 年为例,土地生态安全指数以三涧堡镇最低,龙王塘街道最高;③从 2004 年到 2009 年,各个街道的土地生态安全指数改善明显,尤其龙王塘街道改善效果最好;

④2009 年到 2014 年，各街道土地生态安全指数也有所提高，但不如之前五年提高得快，整体而言，各个街道的土地生态安全指数折线图趋势与 2009 年状况相差不大。

　　2004 年，大连市旅顺口区整体均处于土地临界生态安全状态以下，绝大多数区域处于较不安全和一般不安全的等级。20 世纪 80 年代改革开放以来，工业的迅速发展导致城市迅速扩张、大量建设用地被粗放式开发和建设，与此同时，化肥和农药的滥用、自然林地开垦为耕地，导致自然林地面积减少、自然保护区被逐渐隔离成各个生态孤岛、耕地地力下降、城市区域内部产生大量未利用地斑块，从而使2004年大连市旅顺口区土地生态安全指数值均在临界安全值以下，如图4-15所示。

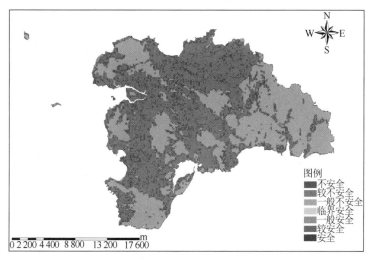

图 4-15　2004 年旅顺口区土地生态安全评价结果图

　　2009 年，大连市旅顺口区整体土地生态安全状态均有提高，已经有绝大多数区域在临界安全及以上，尤其是东南、西南、西北三个方向，由于均有自然保护区作为严格的自然林地保护区域，经过五年的恢复和发展，其生态安全指数稳步上升。而其他城市区域和大量的耕地所占有的区域土地生态安全指数则相对较低，仅仅达到临界安全等级，甚至在城区与郊区边缘地带，建筑用地与耕地交错区域，仍然存在临界安全以下的少量斑块。分析其主要原因为在城市建设阶段，城区与郊区结合交错区域既得不到与城市内部相同的环境绿化等方面的维护，同时又受城市人口多而产生的各种污染和废弃物的影响，其不能保持耕地或自然林地本应具有的相对稳定的天然自滤系统，所以导致其在土地生态安全评价结果图中生态安全指数最低，如图 4-16 所示。

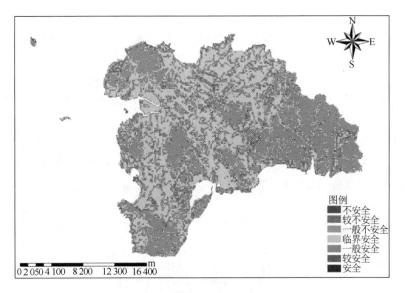

图 4-16　2009 年旅顺口区土地生态安全评价结果图

　　2014 年，大连市旅顺口区土地生态安全状况进一步转好，基本均达到了临界安全等级以上。尤其是基于 2009 年的基础上，东南、西北、西南三个方向上的山地自然林区的生态安全状况更是达到了较安全等级。这说明自 2010 年以来，国家和地方政府更加注重当地生态环境保护和建设，使得研究区的土地生态安全状态得到进一步改善，如图 4-17 所示。

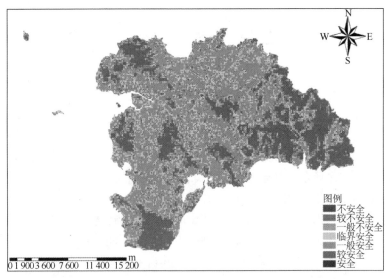

图 4-17　2014 年旅顺口区土地生态安全评价结果图

2. 研究区土地生态安全时空演变分析

1）基于 CA-Markov 模型的土地生态安全演变仿真模拟

针对土地生态安全时空演变分析，采用 CA-Markov 模型模拟仿真其演变过程。通过对评价结果图的格式转化，转化为.rst 格式的 IDRISI 软件中的格式，通过 IDRISI 软件中 Image overlay、Image reclassification 的处理加工后，再运用 Display Launcher 将其打开，显示图像（图 4-18）。

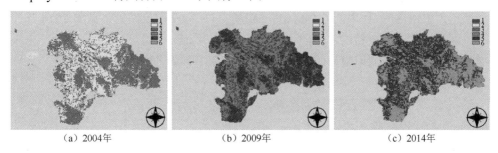

（a）2004年　　　　　　　（b）2009年　　　　　　　（c）2014年

图 4-18　在 IDRISI 软件中显示的土地生态安全等级分布图

注：1. 不安全；2. 较不安全；3. 一般不安全；4. 临界安全；
5. 一般安全；6. 较安全

将 2004 年和 2009 年两期土地生态安全评价结果图添加到 Markov 模型中，如图 4-19 所示，设置两期图像间隔年限和基于后一期图像预测年限均为 5，设置允许模糊错误为 0.15，点击 OK，计算 2004～2009 年的土地生态安全转移概率矩阵。

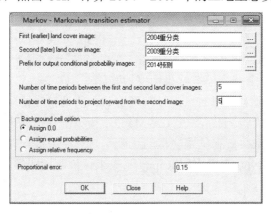

图 4-19　Markov 转移矩阵模块

通过计算得到 2004～2009 年的土地生态安全转移矩阵，如表 4-4 所示。从表中可以看出，2004～2009 年旅顺口区土地生态安全等级主要从不安全向一般安全转移，较不安全向临界安全转移，一般不安全向一般安全转移。整体均由临界安全以下向临界安全以上转移，说明这五年对于旅顺口区而言，生态安全状况明显提高。

表 4-4　2004～2009 年旅顺口区土地生态安全转移矩阵

安全等级	不安全	较不安全	一般不安全	临界安全	一般安全	较安全
不安全	0.0000	0.0000	0.2569	0.2934	0.4496	0.0000
较不安全	0.0000	0.0000	0.2469	0.5758	0.1773	0.0000
一般不安全	0.0000	0.0000	0.0560	0.1107	0.8331	0.0002
临界安全	0.2000	0.2000	0.2000	0.0000	0.2000	0.2000
一般安全	0.2000	0.2000	0.2000	0.2000	0.0000	0.2000
较安全	0.0000	0.0000	0.0000	0.0000	1.0000	0.0000

运用 IDRISI 软件中的 CA-Markov 模块，以 2009 年为基础，预测 2014 年旅顺口区土地生态安全状况，如图 4-20 所示，将 Markov 计算出的转移矩阵结果添加到其中，选择预测年限为 5，并设置预测结果名称为 2014 预测，以便于与实际 2014 年的土地生态安全状态区分。

图 4-20　CA-Markov 模块

经过对其几百个元胞及邻域的转移计算，得到 2014 年旅顺口区土地生态安全预测结果，如图 4-21 所示。

2）土地生态安全演变模拟结果精度检验

模型建立后需要对模拟结果进行精度检验。所谓精度检验，包括数量精度的检验和空间精度的检验。目前关于 CA-Markov 模型的模拟结果精度检验暂无统一的方法，但一般均从数量和位置模拟的正确率来对模型进行评价。

Cohen 等人在 1960 年提出用 Kappa 系数来评价两期图像的一致性（刘淼等，2009），其公式如下：

$$\text{Kappa} = \frac{K_0 - K_C}{K_p - K_C} \quad \left(K_0 = \frac{n_1}{n}, K_C = \frac{1}{N} \right) \tag{4-12}$$

式中，K_0 为模拟正确的比例；K_C 为所期望的随机情况的模拟比例；K_p 为理想状态下的正确模拟比例，一般取值为 1；n_1 为准确模拟的栅格数；n 为土地类型栅格总数；N 为各土地利用类型的数量。Kappa 系数对模拟结果精度的参考意义见表 4-5。

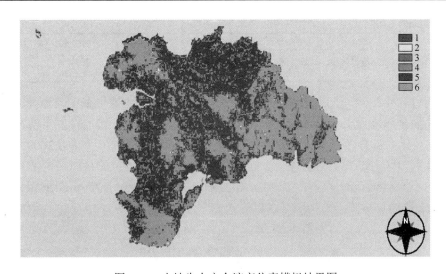

图 4-21 土地生态安全演变仿真模拟结果图

注：1. 不安全；2. 较不安全；3. 一般不安全；4. 临界安全；5. 一般安全；6. 较安全

表 4-5 Kappa 系数检验精度对照

Kappa 系数大小范围	Kappa 系数代表意义
Kappa≥0.75	两者之间一致性较高，模拟效果较好，可信度较好
0.4≤Kappa<0.75	两者之间一致性一般，模拟效果一般，可信度一般
Kappa<0.4	两者之间一致性较差，模拟效果不好，模拟结果不可信

传统的 Kappa 系数可以简单判断模拟结果与实际情况在数量上的误差大小，而目前 IDRISI 软件提供了更加精确的检验方式，可对模拟结果进行数量和位置错误的定量分析，包括标准 Kappa（$K_{Standard}$）、随机 Kappa（K_{No}）、位置 Kappa（$K_{Location}$）以及层位 Kappa（$K_{LocationStrata}$）。

最终本次模拟的精度检验结果分别是 K_{No}=0.8465、$K_{Location}$=0.9418、$K_{LocationStrata}$=0.9418、$K_{Standard}$=0.9389。对照 Kappa 系数检验精度表可知，本次模拟效果较好，可信度较高。

3）基于 CA-Markov 模型的土地生态安全预测

再次运用 Markov 模型计算 2009～2014 年旅顺口区的土地生态安全转移矩阵，如表 4-6 所示。

表 4-6 2009～2014 年旅顺口区土地生态安全转移矩阵

安全等级	不安全	较不安全	一般不安全	临界安全	一般安全	较安全
不安全	0.0000	0.2000	0.2000	0.2000	0.2000	0.2000
较不安全	0.2000	0.0000	0.2000	0.2000	0.2000	0.2000
一般不安全	0.0000	0.0453	0.0783	0.2251	0.5029	0.1484
临界安全	0.0000	0.0399	0.0874	0.1798	0.5802	0.1126

续表

安全等级	不安全	较不安全	一般不安全	临界安全	一般安全	较安全
一般安全	0.0000	0.0377	0.0822	0.1576	0.2747	0.4478
较安全	0.2000	0.2000	0.2000	0.2000	0.2000	0.0000

通过表 4-6 矩阵可以看出，2009～2014 年旅顺口区土地生态安全等级主要从一般不安全和临界安全向一般安全转移，而一般安全则进一步向较安全转移。整体而言，绝大部分地区的生态安全等级均已达到临界安全以上，说明 2009～2014 年，旅顺口区生态安全状态进一步提高，基本达到相对安全的状态。

运用 CA-Markov 模型，以 2014 年旅顺口区土地生态安全评价结果为基准，以 Markov 转移矩阵为转换因子，以五年为预测周期，预测 2019 年大连市旅顺口区土地生态安全状态，如图 4-22 所示。

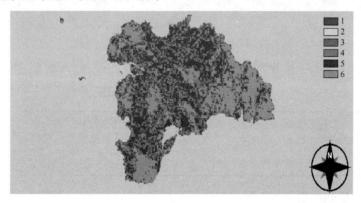

图 4-22　土地生态安全演变预测结果图

注：1. 不安全；2. 较不安全；3. 一般不安全；4. 临界安全；5. 一般安全；6. 较安全

从图 4-22 可以看出，未来旅顺口区土地生态安全状态会进一步转好，较安全区域会进一步扩大，主要包括自然林地、人工林地以及自然保护区、水域等区域；而一般安全区域已将大部分城市区域和农业用地包含在内；在不同地类衔接的区域，依然存在生态安全状态不是很好的情况，但均达到了临界安全等级。

4.2　基于 CA-Markov 模型的大连市普兰店区土地生态安全评价

4.2.1　土地生态安全时空演变模型及影响因子分析

4.2.1.1　基于 GIS 的土地生态安全评价模型

1. 评价指标体系（DPSIR）的建立

本节依据 DPSIR 模型，根据普兰店区处于滨海快速城市化地区的实际自然与社会情况，以土地生态安全评价为目标层，以驱动力、压力、状态、影响、响应为准则层，以经济、人口、社会、自然为因素层，以 GDP 增长率、农业总产值增长率等 65 种指标为指标层，采用层次分析法建立指标体系，如图 4-23 所示。

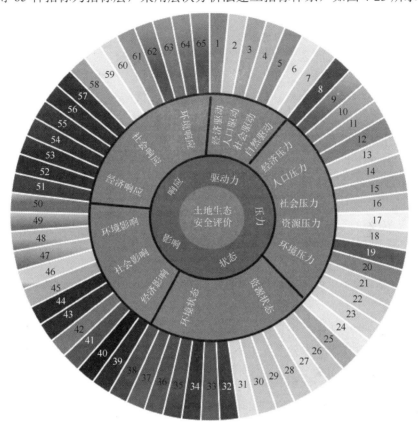

图 4-23　土地生态安全评价指标体系图

注：1. GDP 增长率；2. 农业总产值增长率；3. 人口自然增长率；4. 城市化水平；5. 地形位指数；6. NDVI 均值；7. 自然灾害灾变概率；8. 人均 GDP；9. 经济密度；10. 农业经济比例；11. 单位耕地面积劳动力投入；12. 人口密度；13. 城镇居民恩格尔系数；14. 城镇登记失业率；15. 人均耕地面积；16. 城市扩张压力；17. 人均城市建设用地面积；18. 万元 GDP 工业能耗；19. 距交通干线距离；20. 距商业中心距离；21. 单位耕地面积农药使用量；22. 单位耕地面积化肥使用量；23. 单位耕地面积农膜使用量；24. 单位耕地面积三废污染负荷；25. 耕地面积比例；26. 森林覆盖率；27. 人均公园绿地面积；28. 人均住房面积；29. 人均土地后备资源；30. 土地利用结构多样性指数；31. 农业生产稳定性指数；32. 景观破碎度指数；33. 景观分离度指数；34. 人类干扰指数；35. 生态林面积比；36. 水土协调度；37. 自然灾害受灾面积比；38. 地质灾害点缓冲区；39. 土地集约利用水平；40. 土地利用收益水平；41. 单位农用地第一产业增加值；42. 单位建设用地第二与第三产业增加值；43. 单位面积粮食产量；44. 土地利用收益分配指数；45. 耕地年均损失率；46. 耕地退化指数；47. 土壤盐渍化面积比；48. 围填海面积比；49. 水土流失面积比；50. 低产田面积比；51. 环境治理投资比；52. 科技投入占比；53. 第三产业比例；54. 生态建设投入水平；55. 工业废弃物回收利用率；56. 生活垃圾无害化处理率；57. 农业机械化水平；58. 土地管理满意度；59. 公众生态意识普及度；60. 地均社会从业人数；61. 自然保护区面积比例；62. 当年造林面积；63. 农田有效灌溉面积比；64. 水土流失治理面积；65. 耕地旱涝保收率

2. GIS 格网数据库的构建

在本节中格网数据库的建立是分析土地生态安全状态的基础与条件，将各类土地利用斑块利用格网化建立土地生态安全小区，通过土地生态安全小区的归纳与综合，得出土地生态安全的状态函数，以此为准则来划定土地生态安全的等级。相比于以往的以行政区划为单位的土地生态安全的评价，利用格网化形成的土地生态安全小区可以使结果更加细化，更加准确地呈现土地生态系统现状。具体过程为运用 ArcGIS 中的渔网功能，创建能覆盖研究区所有范围的渔网数据，并且根据研究区区域范围，作出适当调整，录入与土地生态安全小区有关的指标数据，形成 GIS 格网地理数据库。主要包含以下数据：

（1）GDP 增长率。GDP 增长率指的是该区今年的生产总值相比于去年的增加比例，由于研究区的生产增加值主要集中在第一、第二产业上，所以把此项指标赋值在城市建设用地和耕地之上。

（2）农业总产值增长率。这里主要指的是区域农业的各项产值对比去年的增长比例，主要涉及农、林、牧、副、渔等产业的增加值。

（3）人口自然增长率。人口自然增长率主要是指区域的人口出生率与人口死亡率的差值，反映区域人口自然增长的速度。

（4）城市化水平。区域内城市人口占总人口的比值为城市化水平。因为人口主要集中在居住用地中，所以赋值在城市建设用地类型上。

（5）地形位移指数。这是反映区域地形条件的指数，把区域的高度与坡度综合起来，采用一定的数学公式进行计算得出，更加确切地反映地形的空间规律，具体运算如下：

$$T = \lg\left[\left(\frac{E}{\overline{E}}+1\right)\times\frac{S}{\overline{S}}+1\right] \tag{4-13}$$

式中，T 为地形位移指数；E，$\overline{E}$ 分别为空间任一栅格的高程数据和其平均值；S，$\overline{S}$ 分别为空间任一栅格的坡度数据和其平均值。

（6）NDVI 均值。NDVI 均值代表植被覆盖指数，是通过遥感影像识别出来的地表植被运用 ENVI 软件处理得到的，表示地表植被丰富度的指数。

（7）自然灾害灾变概率。它通常是指各种自然灾害的致灾因子在自然或人为因素影响下成灾的概率，表示地区自然灾害出现的强度。

（8）人均 GDP。用区域第一、二、三产业总产值与总人口的比值来表示人均 GDP。

（9）经济密度。经济密度指区域 GDP 总量与区域总面积的比值，是反映地区间经济的指标。

（10）农业经济比例。它是指农业经济与总经济量的比值，反映农业经济在总经济结构中的重要程度。

（11）单位耕地面积劳动力投入。用区域总耕地面积比农业劳动人口所得出的数值来表示单位耕地面积劳动力指数。

（12）人口密度。用人口总数，包括自然人口与迁入人口，与区域总面积的比值来表示区域平均单位面积上人口总数，即人口密度。

（13）城镇居民恩格尔系数。它反映城镇居民生活消费占总消费的比例，是反映城镇居民生活质量与水平的指标。

（14）城镇登记失业率。这是指城镇居民在法定年龄内未就业或待就业人口总数占总从业人口数的比例，是衡量区域经济稳定性的指标。

（15）人均耕地面积。总耕地面积与总人数的比值称为人均耕地面积。

（16）城市扩张压力。城市扩张压力是指建设用地的扩张所占用的耕地的面积的比例，是衡量城市增长的指标数据。

（17）人均城市建设用地面积。这是指区域除去农业用地与其他用地之外建设用地的建筑总面积与区域内人数的比值。

（18）万元 GDP 工业能耗。每产生一万元的 GDP 总值所要消耗的煤炭总量叫作万元 GDP 工业能耗，因为我国主要以煤炭产业为主，所以用煤炭的消耗量来衡量 GDP 的增长，具体是用 GDP 的总值与煤炭的消耗量的比来衡量。

（19）距交通干线距离。距交通干线距离是区域与主要交通干线的距离指数，此指标数据主要通过 ArcGIS 的缓冲区功能进行计算，根据距离交通干线的远近分别赋予不同的指数进行计算，本节采用三级缓冲区进行计算，其范围根据测试结果和相关文献分析采用 500m、1000m 和 2000m 效果最佳。

（20）距商业中心距离。距商业中心距离是区域与商业中心的距离指数，此指标根据 ArcGIS 的缓冲区分析得出，根据相关数据和测试结果表明，当三级缓冲区的范围分别是 200m、500m 和 1000m 时效果最佳。

（21）单位耕地面积农药使用量。用区域农药总使用量与耕地面积的比来代表单位面积耕地上的农药使用量，是衡量土地污染的主要指标。

（22）单位耕地面积化肥使用量。用区域化肥总使用量与耕地面积的比来代表单位面积耕地上的化肥使用量，是衡量土地污染的主要指标。

（23）单位耕地面积农膜使用量。用区域农膜总使用量与耕地面积的比来代表单位面积耕地上的农膜使用量。

（24）单位耕地面积三废污染负荷。单位耕地面积农药使用量、单位耕地面积化肥使用量与单位耕地面积农膜使用量的平均值称为单位耕地面积三废污染负荷，它衡量单位耕地受污染的状况。

（25）耕地面积比例。它是指区域除去建设用地与其他用地面积之外的耕地面积与区域内所有地类面积的比值。

（26）森林覆盖率。森林面积与总面积的比代表森林的覆盖程度，是评价环境指标的重要部分。

（27）人均公园绿地面积。人均公园绿地面积是公园绿地面积与人口的比值，反映城市的绿化程度，是衡量土地生态安全的重要依据。

（28）人均住房面积。住房总面积与总人数的比值称为人均住房面积。

（29）人均土地后备资源。用后备土地资源与总人数的比值来表示人均土地后备资源。它是反映区域土地生态安全状态的主要指标，突出反映土地资源结构的稳定性。

（30）土地利用结构多样性指数。此指数是反映土地生态系统结构合理程度的数值，主要通过耕地、草地、建设用地、道路用地、工矿用地等土地地类的面积进行运算，其计算公式为

$$p = -\sum_{i=1}^{n} p_i \ln(p_i) \tag{4-14}$$

式中，p 为土地利用多样性指数；p_i 为第 i 种地类利用面积。

（31）农业生产稳定性指数。它是指土地受自然或人文因素影响恢复自身状况的程度，是衡量土地生态系统抗干扰能力的指标，主要通过农田灌溉面积、农田有效灌溉面积与农田抗旱抗涝能力综合运算，具体运算公式为

$$d = \frac{(n_1 + n_2 + n_3)}{3} \tag{4-15}$$

式中，d 为农业生产稳定性指数；n_1 为有效灌溉比例；n_2 为农田抗旱抗涝指数；n_3 为农田有效灌溉面积与总农田面积的差值。

（32）景观破碎度指数。它是用来衡量区域景观破碎化程度的指标，是通过 Fragstats 软件，对 GIS 地理信息数据进行处理得出景观破碎数值。

（33）景观分离指数。它是用来衡量区域景观分离程度的指标，通过 Fragstats 软件，对 GIS 地理信息数据进行处理得出景观分离数值。

（34）人类干扰指数。此指标是指区域内人类活动开发的面积占总区域面积的比例，包括建设用地面积、耕地面积、园地面积等。

（35）生态林面积比。生态林面积比指区域内以生态作用为主的林地面积占总区域面积的比例，是衡量区域土地生态安全状态的重要指标。

（36）水土协调度。水土协调度指区域内水资源与土地资源的协调情况，其中土地资源主要是指耕地资源。

（37）自然灾害受灾面积比。自然灾害所造成危害的区域面积与区域总面积的比值称为自然灾害受灾面积比，是衡量自然灾害影响的重要依据。

（38）地质灾害点缓冲区。它是指地质灾害频发区或者地质灾害隐患区以其为基点，通过 ArcGIS 中的缓冲区分析功能，对其进行缓冲区分析，并通过实例

调查与相关文献的参考，拟定三级缓冲区的范围分别是 200m、500m、800m，并以此得出对应的数值。

（39）土地集约利用水平。土地集约利用水平是指区域总面积与住房或建筑等由于投资所产生的面积的比值，是反映土地利用水平的指标。

（40）土地利用收益水平。它是指土地价格的变化量与上年土地价格的比值，反映土地利用的收益情况，是衡量土地生态安全状态的重要指标。

（41）单位农用地第一产业增加值。它是指单位面积上农业用地所带来的第一产业经济生产总值的增加量，是评价区域土地利用率高低的指标。

（42）单位建设用地第二与第三产业增加值。它是指单位面积上农业用地所带来的第二、三产业经济生产总值的增加量，包括耕地、林地、园地、渔业用水用地等。

（43）单位面积粮食产量。单位面积土地上粮食的平均产量称为单位面积粮食产量，是衡量粮食安全的重要指标。

（44）土地利用收益分配指数。它是指农村家庭平均纯收入与城镇家庭平均纯收入的比值，用土地利用收益分配指数来代替基尼系数是因为土地利用收益分配指数更能有效地反映城乡差异。

（45）耕地年均损失率。它是耕地损失的面积与耕地面积的比值，代表的是耕地年均损失的水平。

（46）耕地退化指数。耕地由于自然或人为原因造成的不可恢复的面积减少量与耕地总面积的比值称为耕地退化指数，它是反映区域耕地质量的指标。

（47）土壤盐渍化面积比。它是指土壤的盐渍化面积与土地面积的比值，由于本书所研究的是滨海地区，所以土地的盐渍化主要是指海水入侵所带来的土壤盐渍化。

（48）围填海面积比。围填海面积比指围填海开发的面积占区域的面积比例，是衡量地区开发强度的指标。

（49）水土流失面积比。它是指区域水土流失的面积占总区域面积的比例，是衡量土地生态安全状态的主要指标。

（50）低产田面积比。它是指低产田占所有产田的面积比值，反映的是粮食生产安全度，也是土地生态安全状态的重要影响指标。

（51）环境治理投资比。它是指区域投入在环境治理的资金占投资总金额的比例，反映的是区域对于环境和环境质量的重视程度，是保障土地生态安全状态的必要条件。

（52）科技投入占比。它是指区域对于科学技术的投入占总投入金额的比例，反映的是区域的科技支撑能力，是土地生态安全状态的科技保障。

（53）第三产业比例。它是指区域内第三产业的生产总值占总生产值的比例，反映区域的经济结构与产业结构。

（54）生态建设投入水平。区域对于生态建设所投入的资金和劳动力反映生态建设投入水平，主要是指对于农业、林业、水利、气象方面的支出比例。

（55）工业废弃物回收利用率。它是指工业生产所产生的废弃物的综合利用回收率，代表工业可持续发展的水平。

（56）生活垃圾无害化处理率。它是指生活垃圾进行分类、回收、处理与再利用的能力和水平，是衡量区域环境污染的主要指标。

（57）农业机械化水平。农业机械化生产的水平，具体用农村机械总动力来进行衡量，反映的是区域内现代化农业水平和农业科技投入。

（58）土地管理满意度。它是指区域人口对于区域土地关系的认同程度，是区域居民对于政府的土地政策的可接受程度，具体方法是土地相关专家根据区域土地的政策所进行的一系列调查问卷或网络调查，主要包括土地产权问题、土地税收问题跟土地征收补偿问题三个方面，根据得分的不同划分评分等级，对结果进行综合分析，具体算法为

$$f = \frac{(n_1 + n_2 + n_3 + n_i)}{i} \tag{4-16}$$

式中，f 为土地管理满意度；n_1 为第一类评分等级；n_i 为第 i 类评分等级；i 为评分等级的数量。

（59）公众生态意识普及度。它是指区域居民对于生态意识或者生态观念的理解和普及程度，反映区域对于生态安全教育的投入能力。

（60）地均社会从业人数。它是指单位面积土地上社会从业人员的人数，是用土地面积与区域社会总从业人员相比得出的数值。

（61）自然保护区面积比例。用区域现有或规划中的自然保护区的面积与地区总面积的比来表示自然保护区面积比例，是衡量区域生态环境数量安全与质量安全的重要指标。

（62）当年造林面积。区域内当年营造除去薪柴林与其他用途林地的生态作用为主的林地面积称为当年造林面积，反映区域对于生态环境建设能力。

（63）农田有效灌溉面积比。它是指耕地农田有效灌溉面积与农田灌溉总面积的比值，是反映农田土地生态安全与粮食生产稳定性的指标。

（64）水土流失治理面积。它是指区域因自然或人为原因导致的水土流失所采取的有效措施作用于土地的面积，是加强区域土地生态安全状态的重要指标。

（65）耕地旱涝保收率。它是指耕地受到自然或人文因素干扰时恢复自身状态并且保持生产的潜力，是反映耕地质量与粮食生产安全的指标。

3. 土地生态安全指数计算

1) 土地生态安全评价指数的计算

本节采用地理加权平均综合法，运用土地利用类型、土地利用邻域和面积作为土地生态安全的基本运算指标数据，其公式为

$$\text{ESI} = \frac{A_k}{A} \times \sum_{i=1}^{n} X_i W_i \qquad (4\text{-}17)$$

式中，ESI 为评价对象的生态安全指数；A_k 为第 k 类土地类型面积；A 为单个评价单元的面积；X_i 为第 i 项评价指标的标准化值；W_i 为第 i 项指标的权重。

2) 权重的确定

根据评价目的与评价区域的不同，评价体系中各个指标所代表的重要程度也不尽相同，这就需要权重来平衡各指标间的不平衡状态，而权重的确定最终也关乎土地生态安全的准确与否。其权重的数值体现在指标对总的土地生态安全的贡献上，其贡献率越高，相应的指标权重数值也就越大，反之指标贡献率越低，其指标权重数值也就越小。

i. 熵值法

熵值法是一种数学处理方法，根据指标与目标间的相互关系从而求得指标的权重数值，具体做法如下：

首先进行数据的标准化处理：

$$正向指标\ X_{ij}' = \frac{X_{ij} - X_{j\min}}{X_{j\max} - X_{j\min}} \qquad (4\text{-}18)$$

$$负向指标\ X_{ij}' = \frac{X_{j\max} - X_{ij}}{X_{j\max} - X_{j\min}} \qquad (4\text{-}19)$$

式中，X_{ij} 为经过无量纲化处理的第 i 个评价对象的第 j 个评价指标值；$X_{j\min}$ 和 $X_{j\max}$ 分别为第 j 个评价指标的最小值与最大值。

计算第 i 年第 j 个评价指标占总体的比值：

$$Y_{ij} = \frac{X_{ij}'}{\sum_{i=1}^{m} X_{ij}'} \qquad (4\text{-}20)$$

计算指标信息熵：

$$e_j = -k \sum_{i=1}^{m} (Y_{ij} \times \ln Y_{ij}) \qquad (4\text{-}21)$$

计算信息熵冗余度：

$$d_j = 1 - e_j \qquad (4\text{-}22)$$

计算指标权重：

$$W_i = d_j / \sum_{j=1}^{n} d_j \qquad (4\text{-}23)$$

计算单指标评价得分：

$$S_{ij} = W_i \times X'_{ij} \qquad (4\text{-}24)$$

ii. 层次分析法

层次分析法是一种相对主观的赋值方法，根据指标间相互关系，运用数学方法求得指标权重，本节运用 Yaahp 软件通过建立结构框架、建立层次等级体系、确立指标间关系、一致性检验等过程算出指标权重。

iii. 综合权重法

通过熵值法与层次分析法的综合运用确定本节的指标权重，具体方法如下：

$$W = aW_1 + bW_2 \qquad (4\text{-}25)$$

式中，W_1 和 W_2 分别为用熵值法和层次分析法得出的指标权重；a 和 b 为线性系数，本节赋值为 $a=b=0.5$。由此得到最终的综合权重。

3）评价等级的划分

作为土地生态安全的前提与基础，本节根据以往经验和研究区域现实情况，实测得出了五级分类法的效果最为明显，比较符合该区域的区域特点，适宜建立研究区土地生态安全等级体系，如表 4-7 所示。

表 4-7　土地生态安全等级的划分

土地生态安全评价值	安全等级	备注
≥0.8	安全	土地生态系统的功能和结构完善，可以长期为人类社会的发展提供支持，生态问题不明显
0.6~0.8	较安全	土地生态系统的功能和结构相对较完善，受到人类的干扰有限，可以保持自身相对稳定的状态，有自我恢复的能力
0.4~0.6	临界安全	土地生态系统的功能和结构受到一定程度的破坏，部分功能消失，但主体功能没有受到明显影响，恢复自身的能力有限
0.2~0.4	较不安全	土地生态系统的功能和结构受到严重破坏，部分或者大部分的功能消失，失去部分或者大部分的恢复功能
≤0.2	不安全	土地生态系统的功能和结构受到毁灭性破坏，失去大部分或者全部功能，完全丧失自我恢复的能力，重建比较困难

4.2.1.2　基于主成分的土地生态安全影响因子分析

主成分主要是指把所有的指标数据通过线性变换从而得出一个到多个能够充分反映整体的指标，我们称之为主成分。各个主成分之间是彼此独立且互不影响的。利用主成分分析（principal component analysis，PCA）方法，最开始的步骤就是对各个指标赋予权重，对数据进行无量纲化处理。过程如下：

1. 收集有关数据

本研究通过查阅各种年鉴和统计公报，筛选出不同统计口径下的不同数据，在 Excel 中归纳整理旅顺口区各街道社会经济数据，为主成分影响因子分析作数据基础。

2. 数据归一化处理

利用极差法对数据进行处理，确定数据数值范围在 0～1，其公式为

$$X_{ij}^2 = \frac{X_{ij} - X_{i\min}}{X_{i\max} - X_{i\min}} \quad (i=1,2,\cdots,n; j=1,2,\cdots,m) \tag{4-26}$$

式中，X_{ij} 为第 i 种因子第 j 项指标的数值；$X_{i\max}$ 为第 i 种因子最大值，$X_{i\min}$ 为第 i 种因子最小值。

得到如下标准化矩阵：

$$Z = \begin{bmatrix} Z_{11} & Z_{12} & \cdots & Z_{1m} \\ Z_{21} & Z_{22} & \cdots & Z_{2m} \\ \vdots & \vdots & \ddots & \vdots \\ Z_{n1} & Z_{n2} & \cdots & Z_{nm} \end{bmatrix}$$

特征值与特征向量分析：

$$R = (r_{ij})_{mm} = \frac{1}{n-1} Z^{\mathrm{T}} Z \tag{4-27}$$

式中，r_{ij} 为第 i 种因子第 j 项指标标准化之后的数据值；Z^{T} 表示对应的特征向量值。

3. 累积贡献率分析

计算主成分分析公式如下：

$$F_p = u_{p1}X_1 + u_{p2}X_2 + \cdots + u_{pm}X_{pm} \quad (1 \leqslant p \leqslant m) \tag{4-28}$$

式中，$u_{p1}X_1$ 为主成分 1 中所代表的特征函数值；$u_{pm}X_{pm}$ 为第 m 项主成分中所代表的特征函数值。

4. 计算各指标的权重

$$W_i = \frac{u_{im}^2}{\sum\limits_{i=1}^{n} u_{im}^2} \tag{4-29}$$

主成分的权重则是根据特征值的大小而进行计算的，公式如下：

$$W_i = \frac{\lambda_i}{\sum_{i=1}^{n} \lambda_i} \tag{4-30}$$

经过上述运算，得分用公式（4-31）求解。

$$P = \sum W_i F_i \tag{4-31}$$

式中，每个主成分得分可通过公式（4-32）求出。

$$F_i = W_1 \widehat{X}_1 + W_2 \widehat{X}_2 + \cdots + W_n \widehat{X}_N \tag{4-32}$$

首先需要把数据整理成 SPSS 20.0 软件可以识别的文件类型，本节以 Excel 类型文件为主，经过数据的收集与整理之后得出评价指标体系的预处理文件。其基本类型以 2005 年为例，由于指标过于繁多，数据过于冗长，仅显示一部分，如图 4-24 所示。

	A	B	C	D	E	F	G	H	I	J
1		丰荣办街道	铁西办街道	太平办街道	开发区	皮口镇	城子坦镇	大刘家镇	杨树房镇	双塔镇
2	GDP增速（%）	21.6333	21.7815	11.2315	7.8532	42.3776	36.9974	9.4831	11.7057	22.81
3	农业总产值增长率（%）	22.3776	21.3741	14.5375	14.2803	24.8880	32.1141	13.8165	18.9913	21.09
4	人口自然增长率（%）	2.9700	2.3100	1.6100	3.1200	-0.1800	1.3900	-1.7600	-0.3300	1.85
5	城市化水平(%)	67.0428	53.7294	2.9696	16.7377	39.5765	14.2549	15.8854	10.6452	9.12
6	地形位指数	0.1584	0.1144	0.2288	0.1848	0.2728	0.2288	0.1672	0.2024	0.37
7	NDVI均值	0.1568	0.1133	0.2265	0.1830	0.2701	0.2265	0.1655	0.2004	0.37
8	自然灾害灾变概率（%）	0.0403	0.0406	0.0209	0.0146	0.0790	0.0690	0.0177	0.0218	0.04
9	人均GDP（元）	77639.5782	25949.8093	23953.5314	9311.5542	50085.5311	42354.1631	9069.2350	16877.5679	21185.80
10	经济密度（亿元／平方公里）	2.3973	2.3810	4.6174	6.6038	1.2238	1.4017	5.4688	4.4304	2.27
11	农业经济比重(%)	23.5734	33.4686	22.3888	22.3507	34.4513	28.4557	35.0247	49.9162	44.46
12	单位耕地面积劳动力投入（人/公顷）	8.5829	5.3479	20.0800	17.3774	12.9054	7.8684	5.3374	7.5244	9.60
13	人口密度（人／平方公里）	884.3973	293.5850	525.5541	292.1887	291.2483	282.1058	235.6719	355.3038	228.79
14	城镇居民恩格尔系数	35.6233	41.8488	41.3503	46.7794	39.4958	38.1216	43.2421	33.9263	38.04
15	城镇登记失业率（%）	2.2894	2.4538	3.1762	2.3861	2.9102	2.4956	3.3569	2.4451	2.47
16	人均耕地面积（人/公顷）	0.0384	0.0865	0.0483	0.0479	0.0468	0.1090	0.1576	0.1188	0.09
17	城市扩张压力（公顷）	89.4722	29.9047	27.6042	10.7307	57.7188	48.8092	10.4514	19.4498	24.41
18	人均城市建设用地面积（人/平方米）	106.9487	107.1673	107.1675	107.8736	107.9156	107.0166	106.8932	106.8221	107.31
19	万元GDP工业能耗(吨标煤/万元)	0.6189	0.6239	0.2938	1.1992	1.4191	1.1921	1.2442	1.3075	0.65
20	距交通干线距离	0.9506	0.9312	0.8536	0.9603	0.7120	0.9060	0.8604	0.9283	0.09
21	距商业中心距离	1.0000	1.0000	1.0000	1.0000	0.4800	0.0000	1.0000	0.9700	0.00
22	单位耕地面积农药施用量（吨/公顷）	0.6184	0.8211	1.5927	4.1321	0.7862	0.3994	1.2899	0.9198	0.91
23	单位耕地面积化肥施用量（吨/公顷）	0.9441	1.2820	1.2374	0.7884	1.5844	1.9927	1.6647	1.1157	2.43
24	单位耕地面积农膜施用量（吨/公顷）	1.8997	1.4307	0.7375	0.2843	1.4943	2.9410	0.9107	1.2771	1.27
25	单位耕地面积三废污染负荷（吨/公顷）	1.1541	1.1779	1.1892	1.7349	1.2883	1.7777	1.2884	1.1042	1.54
26	耕地面积比重（%）	3.3960	2.5401	2.5396	1.4000	1.3636	3.0742	3.7141	4.2194	2.16
27	森林面积占比（%）	20.4400	20.5800	10.6120	7.4200	40.0400	34.9566	8.9600	11.0600	21.56
28	人均公园绿地面积（人/平方米）	13.8481	13.9430	7.1897	5.0271	27.1272	23.6832	6.0704	7.4932	14.60
29	人均住房面积（平方米／人）	9.1189	27.4698	15.3452	27.6010	27.6902	28.5875	34.2201	22.6981	35.24
30	人均土地后备资源（人/公顷）	0.0165	0.0498	0.0278	0.0500	0.0502	0.0518	0.0620	0.0411	0.06
31	土地利用结构多样性指数	0.4542	0.4256	0.5320	0.4923	0.4979	0.4347	0.4111	0.5375	0.56
32	农业生产稳定性指数	0.3254	0.4350	0.4351	0.7893	0.8103	0.3594	0.2975	0.2619	0.51
33	景观破碎度指数	0.0595	0.0600	0.0309	0.0216	0.1166	0.1018	0.0261	0.0322	0.06
34	景观分离指数	0.2956	0.2976	0.1535	0.1073	0.5790	0.5055	0.1296	0.1599	0.31
35	人类干扰指数	0.4336	0.2852	0.3098	0.1711	0.1673	0.3374	0.3965	0.4597	0.24
36	生态林面积比（%）	15.3300	15.4350	7.9590	5.5650	30.0300	26.2175	6.7200	8.2950	16.17

图 4-24　主成分基础数据

4.2.2　大连市普兰店区土地生态安全实证评价

4.2.2.1　研究区概况

普兰店区位于辽东半岛的南端，濒临黄海，与山东半岛、朝鲜半岛隔海相望，位于大连市中北部，介于东经 121°50′33″～122°36′15″，北纬 39°18′25″～39°59′00″；东临庄河市与黄海相接，西临瓦房店市，西北与鲅鱼圈相接，南与大连市金州区毗连，东南部靠近长海县，北与盖州市接壤，东北与岫岩满族自治县接壤（图 4-25）。市区总面积 2770 km^2，下辖丰荣街道、太平街道、城子坦街道等 11 个街道，沙包镇、星台镇、安波镇等 5 个镇级行政区，墨盘乡、同益乡 2 个乡，以及 1 个乐甲满族乡。

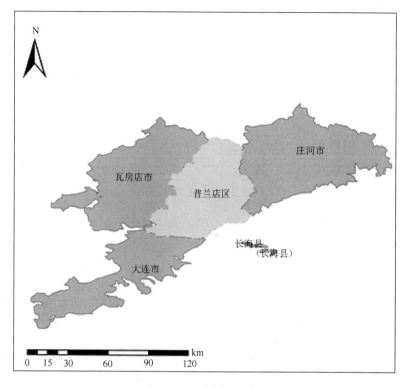

图 4-25　研究区位置

　　普兰店区全境以丘陵地区为主，其地势主要是北高南低，西高东低。具体来说北部地区主要以山区为主，少有丘陵和平原；东北部以丘陵为主，伴有少量的山区与丘陵；中部地区丘陵相对较多；南部主要以平原与丘陵为主，少有山地，地势相对比较平缓；总体上来看是地势随着沿海到内陆的不断延伸而不断增加的过程，其最高处是老帽山的主峰，其海拔高度为 848m。可以看出，区域内地貌种类丰富，组合程度相对较高，有着沿海平原与滩涂、山地与丘陵等。

　　普兰店区的气候大环境以温带季风海洋性气候为主，既有着温带季风的季节变化，又有着海洋性气候的特征。相对于其他季风区来讲四季温差相对较小，昼夜温差也相对较小，其海洋性气候的特点导致其气温的年差比较小，气温相对稳定，年平均气温达到 9.7℃，降水量相对较大，达到了 635～921mm，光能资源相对丰富，平均日照可达每天 7h，年无霜期 174～188 天，如此优越的光热条件也造就了普兰店区相对优越的气候条件资源以及相关的环境资源。

　　普兰店区水文资源的数量、质量以及组合条件十分理想。全区共有大小河流223 条，其中还包含了流经大连市最大的河流——碧流河，除了碧流河，流程超过 30 km 的河流还有大沙河、清水河、甲河等。相对丰富的水文资源也使得普兰店区的水产资源相对丰富，渔业、养殖业发展繁荣，其中以鱼、虾、蟹以及各种贝类养殖为主。

普兰店区除了自然资源以外，还有着丰富的人文资源，作为历史文化发源较早的地区，普兰店区的物质文化与非物质文化的发展都有着长足且喜人的进步。其中，省级先进文化乡镇达到十余处，大连特色文化活动中心有四处，各种民间艺术与手艺不断传承至今，如辽南民歌、手工布制作、清泉寺庙会等都凸显普兰店区悠久的历史文化积淀。不仅流传于历史，基于新时代时期，普兰店区人民对于文化的建设也有长足的进步，如各种各样社区文化活动的设立，各种文化节的举办，以及各种以发扬中华民族文化内容为核心的各类文化竞赛，使得普兰店区人民在新时期为普兰店区文化的发展注入了新的内涵。

4.2.2.2　数据收集与处理

本节利用的遥感影像来自美国的 Landsat 遥感卫星，并且收集整理了大量普兰店区矢量图、行政规划图、中心商业区规划图与路网建设图等，还有对于普兰店区 2005 年、2010 年、2015 年三年的各种社会经济资料，通过查阅普兰店区统计年鉴资料、大连市统计年鉴资料、大连环境公报、大连国土资源以及各地方区县的区志与县志等资料整理得出。

1. 遥感数据的收集与处理

本节遥感数据的获取、处理、识别、分类都是通过 ArcGIS 平台完成的，通过对研究目标的分析与理解，本节采用 Landsat 三个波段对普兰店区进行了遥感影像的识别，分别采用了 TM3、TM2、TM1 波段，TM4、TM3、TM2 波段和 TM7、TM4、TM3 波段对遥感影像进行波段融合与分类。具体如图 4-26～图 4-28 所示。

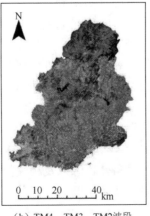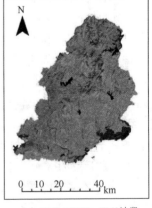

（a）TM3、TM2、TM1波段　　（b）TM4、TM3、TM2波段　　（c）TM7、TM4、TM3波段

图 4-26　2005 年普兰店区三波段遥感影像

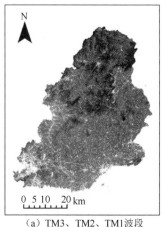

（a）TM3、TM2、TM1波段

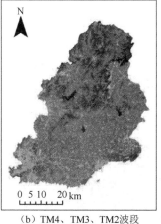

（b）TM4、TM3、TM2波段

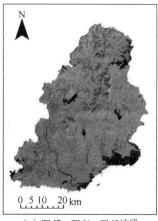

（c）TM7、TM4、TM3波段

图 4-27　2010 年普兰店区三波段遥感影像

（a）TM3、TM2、TM1波段

（b）TM4、TM3、TM2波段

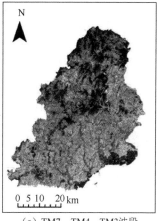

（c）TM7、TM4、TM3波段

图 4-28　2015 年普兰店区三波段遥感影像

　　运用 ArcGIS 软件中的 Classification 工具，对三期影像进行监督分类，通过人工辨识和相关数据处理将三期影像分为 6 大地类，即建筑用地、林地、山地、水域、耕地以及未利用地，得到如图 4-29～图 4-31 所示三期分类图。

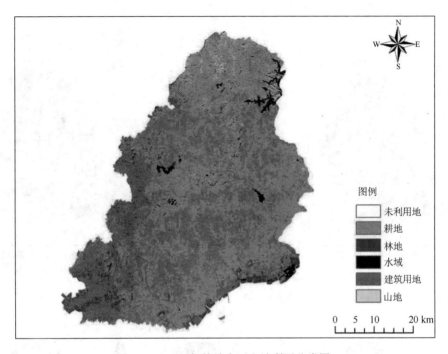

图 4-29　2005 年普兰店区土地利用分类图

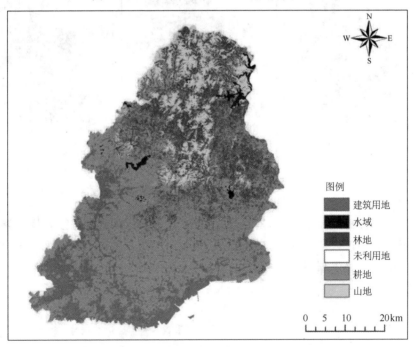

图 4-30　2010 年普兰店区土地利用分类图

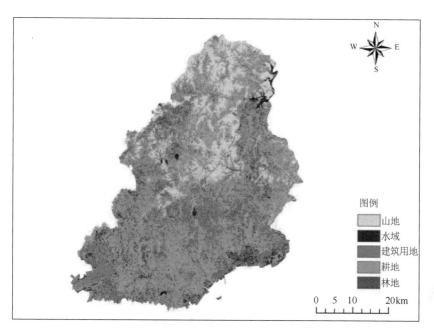

图 4-31　2015 年普兰店区土地利用分类图

监督分类之后形成普兰店区 2005 年、2010 年、2015 年三年的土地利用分类图，运用 ArcGIS 平台的栅格转化功能，把地理分类的栅格数据格式（.tif）转换成矢量格式（.shp），以此建立矢量数据的地理数据库，并在已建立的地理数据库中综合其他社会、经济和自然指标形成指标数据集。

2. 数据的标准化

由于数据指标来源的广泛性与多样性，其指标之间缺少统一的度量衡标准，需要对其进行归一化处理，从而使指标数值具有可比性，具体方法是通过极差法进行处理。采用极差法对数据进行处理所得的数据在[0,1]，其公式为

$$X_{ij} = \frac{X_{ij} - X_{i\min}}{X_{i\max} - X_{i\min}} (i=1,2,\cdots,n; j=1,2,\cdots,m) \qquad (4\text{-}33)$$

式中，X_{ij} 为第 i 种因子第 j 项指标的数值；$X_{i\max}$ 为第 i 种最大值；$X_{i\min}$ 为第 i 种最小值。

由于数据量相对较大，所以提取一部分数据展示，如图 4-32 所示。

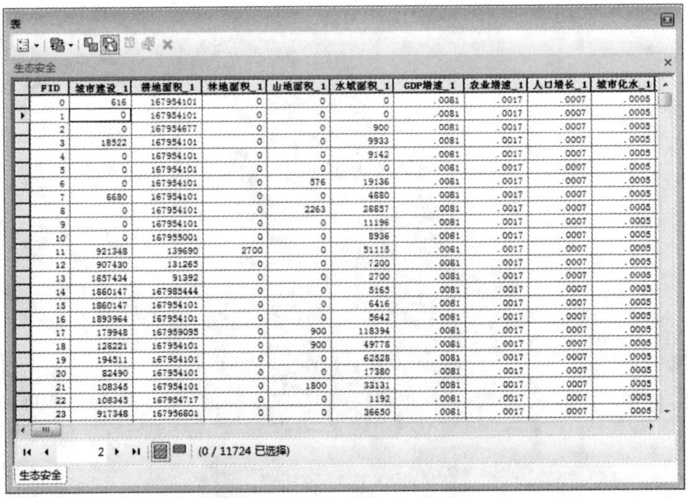

表
生态安全

FID	城市建设_1	耕地面积_1	林地面积_1	山地面积_1	水域面积_1	GDP增速_1	农业增速_1	人口增长_1	城市化水_1
0	616	167954101	0	0	0	.0081	.0017	.0007	.0005
1	0	167954101	0	0	0	.0081	.0017	.0007	.0005
2	0	167954677	0	0	900	.0081	.0017	.0007	.0005
3	18522	167954101	0	0	9933	.0081	.0017	.0007	.0005
4	0	167954101	0	0	9142	.0081	.0017	.0007	.0005
5	0	167954101	0	0	0	.0081	.0017	.0007	.0005
6	0	167954101	0	576	19136	.0081	.0017	.0007	.0005
7	6680	167954101	0	0	4880	.0081	.0017	.0007	.0005
8	0	167954101	0	2263	28857	.0081	.0017	.0007	.0005
9	0	167954101	0	0	11196	.0081	.0017	.0007	.0005
10	0	167955001	0	0	8936	.0081	.0017	.0007	.0005
11	921348	139690	2700	0	51115	.0081	.0017	.0007	.0005
12	907430	131265	0	0	7200	.0081	.0017	.0007	.0005
13	1857434	91392	0	0	2700	.0081	.0017	.0007	.0005
14	1860147	167985444	0	0	5165	.0081	.0017	.0007	.0005
15	1860147	167954101	0	0	6416	.0081	.0017	.0007	.0005
16	1893964	167954101	0	0	5642	.0081	.0017	.0007	.0005
17	179948	167959095	0	900	118394	.0081	.0017	.0007	.0005
18	128221	167954101	0	900	49778	.0081	.0017	.0007	.0005
19	194511	167954101	0	0	62528	.0081	.0017	.0007	.0005
20	82490	167954101	0	0	17380	.0081	.0017	.0007	.0005
21	108345	167954101	0	1800	33131	.0081	.0017	.0007	.0005
22	108345	167954717	0	0	1192	.0081	.0017	.0007	.0005
23	917348	167956801	0	0	36650	.0081	.0017	.0007	.0005

2　(0 / 11724 已选择)
生态安全

图 4-32　多元化数据标准化值

利用地理综合权重法求得其生态安全指标的权重，如表 4-8 所示。

表 4-8　生态安全指标权重结果

目标层	准则层	因素层	指标层	指标属性	单位	熵权重	AHP 权重	组合权重
土地生态安全评价	驱动力	经济驱动力	GDP 增长率	正	%	0.0081	0.0072	0.0077
			农业总产值增长率	正	%	0.0017	0.0015	0.0016
		人口驱动力	人口自然增长率	负	%	0.0007	0.0006	0.0006
		社会驱动力	城市化水平	负	%	0.0005	0.0004	0.0005
		自然驱动力	地形位指数	负	—	0.0009	0.0008	0.0008
			NDVI 均值	正	—	0.0005	0.0004	0.0004
			自然灾害灾变概率	负	%	0.0040	0.0036	0.0038
	压力	经济压力	人均 GDP	正	元	0.0049	0.0043	0.0046
			经济密度	正	亿元/km^2	0.0093	0.0082	0.0087
			农业经济比例	正	%	0.0011	0.0009	0.0010
			单位耕地面积劳动力投入	负	人/hm^2	0.0014	0.0012	0.0013
		人口压力	人口密度	负	人/km^2	0.0029	0.0026	0.0027
		社会压力	城镇居民恩格尔系数	负	—	0.0108	0.0095	0.0101
			城镇登记失业率	负	%	0.0059	0.0052	0.0056
		资源压力	人均耕地面积	正	人/hm^2	0.0030	0.0026	0.0028
			城市扩张压力	负	/hm^2	0.0002	0.0002	0.0002
			人均城市建设用地面积	负	人/m^2	0.0073	0.0064	0.0068
			万元 GDP 工业能耗	负	t 标准煤/万元	0.0052	0.0046	0.0049

目标层	准则层	因素层	指标层	指标属性	单位	熵权重	AHP权重	组合权重
土地生态安全评价	压力	环境压力	距交通干线距离	负	—	0.0002	0.0002	0.0002
			距商业中心距离	负	—	0.0042	0.0037	0.0040
			单位耕地面积农药使用量	负	t/hm²	0.0002	0.0002	0.0002
			单位耕地面积化肥使用量	负	t/hm²	0.0051	0.0045	0.0048
			单位耕地面积农膜使用量	负	t/hm²	0.0020	0.0018	0.0019
			单位耕地面积三废污染负荷	负	t/hm²	0.0013	0.0012	0.0013
	状态	资源状态	耕地面积比例	负	%	0.0043	0.0037	0.0040
			森林覆盖率	正	%	0.0001	0.0001	0.0001
			人均公园绿地面积	正	人/m²	0.0012	0.0011	0.0012
			人均住房面积	负	人/m²	0.0006	0.0005	0.0005
			人均土地后备资源	正	人/hm²	0.0006	0.0006	0.0006
			土地利用结构多样性指数	正	—	0.0015	0.0013	0.0014
			农业生产稳定性指数	正	—	0.0030	0.0027	0.0028
		环境状态	景观破碎度指数	负	—	0.0073	0.0064	0.0069
			景观分离指数	负	—	0.0051	0.0045	0.0048
			人类干扰指数	负	—	0.0033	0.0029	0.0031
			生态林面积比	正	%	0.0001	0.0001	0.0001
			水土协调度	正	—	0.0011	0.0009	0.0010
			自然灾害受灾面积比	负	%	0.0111	0.0097	0.0104
			地质灾害点缓冲区	负	—	0.0001	0.0001	0.0001
	影响	经济影响	土地集约利用水平	正	hm²/万元	0.1408	0.1239	0.1324
			土地利用收益水平	正	hm²/万元	0.0081	0.0072	0.0077
			单位农用地第一产业增加值	正	万元/hm²	0.0006	0.0006	0.0006
			单位建设用地第二与第三产业增加值	正	万元/hm²	0.0420	0.0370	0.0395
		社会影响	单位面积粮食产量	正	t/hm²	0.0033	0.0029	0.0031
			土地利用收益分配指数	正	—	0.0062	0.0055	0.0058
		环境影响	耕地年均损失率	负	%	0.0013	0.0012	0.0012
			耕地退化指数	负	—	0.0001	0.0000	0.0000
			土壤盐渍化面积比	负	%	0.0002	0.0002	0.0002
			围填海面积比	负	%	0.0003	0.0003	0.0003
			水土流失面积比	负	%	0.0116	0.0102	0.0109
			低产田面积比	负	%	0.0007	0.0007	0.0007
	响应	经济响应	环境治理投资比	正	%	0.1014	0.0892	0.0953
			科技投入占比	正	%	0.1020	0.0897	0.0959
			第三产业所占比例	正	%	0.0060	0.0053	0.0057
			生态建设投入水平	正	%	0.1218	0.1072	0.1145
			工业废弃物回收利用率	正	%	0.0132	0.0116	0.0124
			生活垃圾无害化处理率	正	%	0.0252	0.0222	0.0237
			农业机械化水平	正	kW/hm²	0.0062	0.0055	0.0058
		社会响应	土地管理满意度	正	%	0.0024	0.0021	0.0023
			公众生态意识普及度	正	%	0.0102	0.0090	0.0096
			地均社会从业人数	负	人/hm²	0.0002	0.0001	0.0002
		环境响应	自然保护区面积比例	正	%	0.0279	0.0246	0.0262
			当年造林面积	正	hm²	0.0241	0.0212	0.0226
			农田有效灌溉面积比	正	%	0.0007	0.0006	0.0007
			水土流失治理面积	正	hm²	0.2222	0.1955	0.2089
			耕地旱涝保收率	正	%	0.0002	0.0002	0.0002

4.2.2.3　土地生态安全状态分析

根据地理综合权重模型，结合地理数据库运用地理加权分析法计算出模型"D-P-S-I-R"每一组成成分的相对数值，从而得出普兰店区在 2005 年、2010 年、2015 年这三年土地生态安全的每一项驱动因素的时空变化规律，具体数值如图 4-33 和表 4-9 所示。

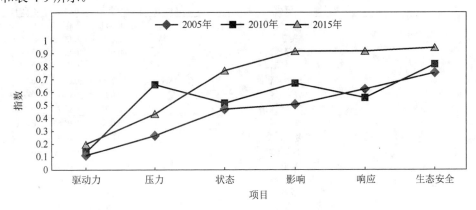

图 4-33　普兰店区"D-P-S-I-R"综合土地生态安全指数图

表 4-9　普兰店区"D-P-S-I-R"综合土地生态安全指数

项目	2005 年	2010 年	2015 年
驱动力指数	0.105 95	0.127 13	0.183 04
压力指数	0.261 05	0.663 55	0.433 07
状态指数	0.478 43	0.514 01	0.769 68
影响指数	0.500 06	0.675 31	0.925 22
响应指数	0.629 28	0.551 61	0.912 76
生态安全指数	0.763 84	0.820 02	0.943 86

从图 4-33 和表 4-9 中可以出，土地生态安全是一个相对的概念，它包含了时间与空间两重属性，会随着时空的转变发生响应的演变与发展，具体的变化特点主要有以下几种：①不论是土地生态安全的驱动力指数、压力指数、状态指数、影响指数、响应指数还是生态安全指数都呈现出逐年递增的趋势，其中 2010 年略有波动，但还是不断增加的状态；②在同一年内，各个指数的贡献程度也有不同，但总的来说，驱动力指数、压力指数和状态指数贡献率相对较小，影响指数与响应指数的贡献率相对较大；③就总的生态安全指数来看，其趋势是不断增加的，但就其波动情况来看，2010 年波动较大，其中波动较大的是压力指数、影响指数与响应指数。

根据 ArcGIS 渔网功能以及 Excel 数据运算，可以得出每一个渔网数据的土地生态安全数值，并根据渔网数值通过 ArcGIS 可视化功能进行可视化操作，最后分析结果如图 4-34～图 4-36 所示。

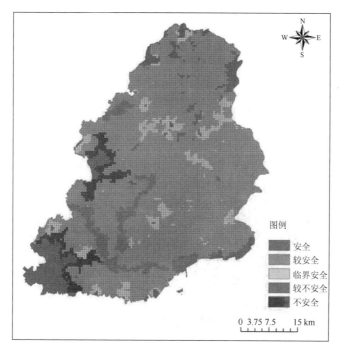

图 4-34　2005 年普兰店区土地生态安全评价结果图

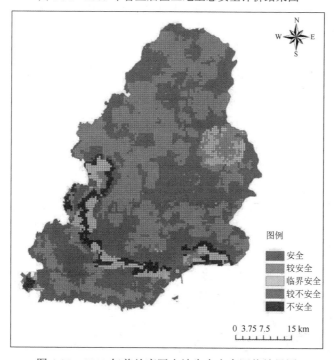

图 4-35　2010 年普兰店区土地生态安全评价结果图

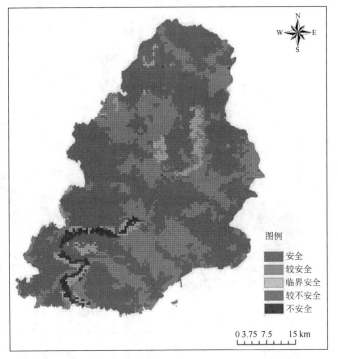

图 4-36   2015 年普兰店区土地生态安全评价结果图

4.2.2.4   土地生态安全时空演变分析

1. CA-Markov 模型的运用

本节运用 GIS 软件与 IDRISI 软件综合处理运行 CA-Markov 模型，由于 IDRISI 软件系统中并没有响应完善的 CA-Markov 模型处理系统，其系统主要针对的是地理信息的分析与处理，所以综合 GIS 软件来弥补其不足，主要运用了 IDRISI 软件中 CROSS Tab、Markov、CA-Markov 等分析模块，具体步骤如图 4-37 所示。

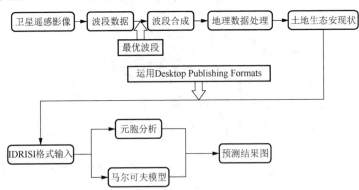

图 4-37   基于 GIS 与 IDRISI 平台的 CA-Markov 建模过程

2. CA-Markov 模型模拟

为了对研究区进行时空演变分析，本节采用 CA-Markov 模型对研究区进行时间与空间上的模拟仿真，通过对土地生态安全结果的处理与转化从而对研究区进行分析。首先需要对数据进行预处理，包括格式的转换、地理数据的配准等，最后整理。具体马尔可夫转移概率如图 4-38～图 4-43 所示。

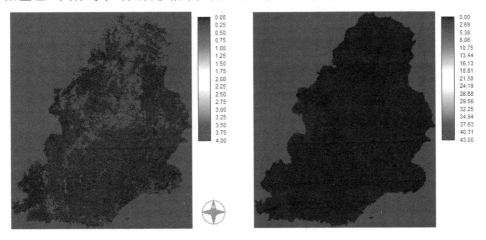

图 4-38　地类 1（水域）马尔可夫转移概率图　　图 4-39　地类 2（建筑用地）马尔可夫转移概率图

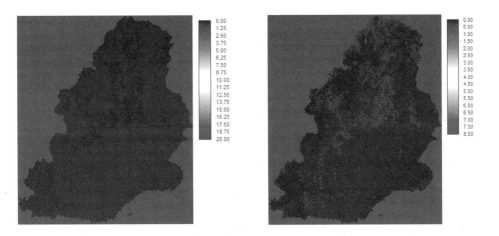

图 4-40　地类 3（耕地）马尔可夫转移概率图　　图 4-41　地类 4（林地）马尔可夫转移概率图

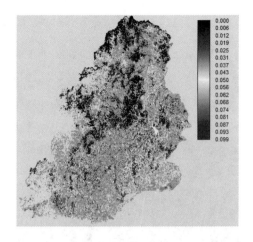 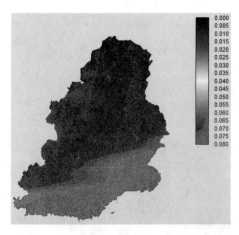

图 4-42　地类 5（山地）马尔可夫转移概率图　　图 4-43　地类 6（未利用地）马尔可夫转移
概率图

之后对处理后的数据进行 Markov 模型运算，得出土地生态安全在 10～15 的概率转移矩阵，其结果如表 4-10 所示。

表 4-10　普兰店区 2010～2015 年土地生态安全转移矩阵

	不安全	较不安全	临界安全	较安全	安全
不安全	0.0778	0.5389	0.3048	0.0527	0.0258
较不安全	0.0799	0.4442	0.3738	0.0613	0.0408
临界安全	0.0552	0.4200	0.3721	0.0583	0.0944
较安全	0.0661	0.5286	0.3456	0.0036	0.0561
安全	0.0895	0.4092	0.4442	0.0197	0.0374

从表 4-10 中可以看出，普兰店区在这五年间土地生态安全等级主要由不安全向较不安全转移，较不安全向临界安全转移，临界安全向较安全转移，整体是由较不安全向临界安全转移，总体说明其土地生态安全显著提高。

为了验证 CA-Markov 模块预测的准确性与科学性，在得出其转移矩阵的同时还需要对其进行 Kappa 系数检验与随机抽样点调查，主要方法是用 2005 年普兰店区土地生态安全现状数据与 2010 年土地生态安全现状数据模拟预测出 2015 年土地生态安全模拟数据，并根据 2015 年土地生态安全现状对其进行对比分析。一般的精度分为两种：一种是从数量上分析，另一种是从质量上进行分析。本节综合运用这两种方法结合随机抽样点数据检验整理得出精度指数。传统的 Kappa 系数根据其数值大小一般可分为三个等级：①Kappa≥0.75，代表模拟效果不论从数量还是质量上来看效果较好；②0.4≤Kappa<0.75，代表数据模拟效果一般，数量与质量上存在一定的偏差，可以作为一般性的趋势分析或者借鉴；③Kappa<0.4，

代表模拟结果不理想，在数量与质量上存在较大偏差，对于研究而言数据存在弊端，模拟结果往往不可取。本节的 Kappa 系数为 0.9413，精度与可信度相对较高，为了更加科学地衡量模拟的精度，本节还采用了抽样点调查的方法进行更深一步检验，如表 4-11 所示。

综合以上两种方法，可以得出本节模型用于普兰店区土地生态安全时空演变的预测工作，在实际预测与模拟预测检验时有着较高的一致性。

运用 CA-Markov 模型通过计算得出元胞之间转换数量矩阵，通过综合生态安全状态转移矩阵与元胞数量转移矩阵可以运算分析出 2020 年土地生态安全状态演变图，表 4-12 为元胞预测数量矩阵。

表 4-11　2015 年普兰店区检验模拟结果随机抽样表

	预测土地生态安全等级	预测土地生态安全实际等级
抽样点 1	不安全	不安全
抽样点 2	较不安全	较不安全
抽样点 3	较不安全	较不安全
抽样点 4	不安全	较安全
抽样点 5	临界安全	临界安全
抽样点 6	较安全	较安全
抽样点 7	较不安全	不安全
抽样点 8	安全	较安全
抽样点 9	较安全	较安全
⋮	⋮	⋮
抽样点 35	较安全	较安全
准确率	93.8%	—

表 4-12　元胞预测数量矩阵

	不安全	较不安全	临界安全	较安全	安全	总计
不安全	879	460	305	2 723	5 632	9 999
较不安全	1 324	989	435	4 252	7 942	14 942
临界安全	367	373	897	3 558	3 367	8 562
较安全	127	0	84	986	1 801	2 998
安全	338	87	131	3 226	1 498	5 280
元胞数量	3 035	1 909	1 852	14 745	20 240	41 781

从表 4-12 可以看出，元胞数量主要以较安全与安全为主，相对于其他土地生态安全状态来讲，其中较安全的浮动比较大，不安全预测元胞数量、较不安全预测元胞数量与临界安全预测元胞数量相应波动变化不大。

运用 CA-Markov 模型，以 2015 年普兰店区土地生态安全状态为基础，结合 2010 年土地生态安全状况，运用 Markov 转移矩阵，更迭次数为 5 次，最后得到 2020 年普兰店区土地生态安全模拟状态图，如图 4-44 所示。

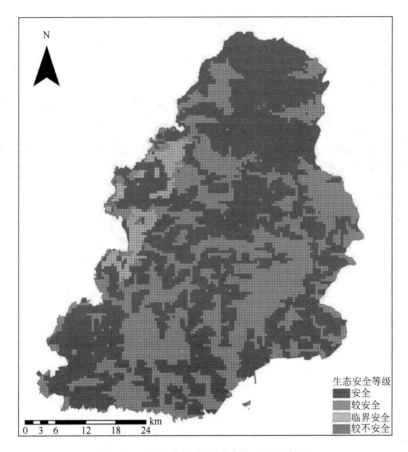

图 4-44　普兰店区土地生态安全预测结果

从图 4-44 可以看出,普兰店区土地生态安全总体情况将有所好转,但是问题也相对突出,其主要问题集中在河流流域污染以及交通干线周边土地破坏和城市建设用地不合理的开发与增长,具体还会呈现由西北至东南的两条带状土地生态不安全区的分布。但区域北部地区大部分处于相对较安全的等级,这些地区主要包括林地、山地、水域和草地等,大部分呈条带状、片状分布,说明区域的土地生态安全程度、等级和结构有了合理的改善。其中北部地区以安全或者较安全等级为主,其分布主要是在同益乡呈片状分布走向,大多为南北走向,受其地形因素影响,主要沿山麓沿线分布;东部地区大多数为安全等级,主要以双塔镇为主,主要呈现出环形状态分布;中心区域为城市建设集中地区,土地生态安全类型为较安全,周边地区大多为山地或耕地,土地生态安全程度较高;南部地区以大刘家街道、杨树房街道为主,主要呈现出条带状安全区域分布,其走向多以交通干线和流域走向为主;西部地区、中部地区以安全、较安全等级为主,主要集中分布在乐甲满族乡附近,多以面状分布于东北部,中部地区的土地生态安全等级与南北部之间存在较大差异，北部地区土地生态安全等级普遍较高而南部相对较低，中部地区处于两者之间。中部也是山区与耕地平原地区的分界线，其两侧的地理差异更加明显。西部地区主要以临界安全为主，以河流沿线和山麓延伸，生态安全等级变化明显。其主要问题集中在河流流域污染、交通干线周边土地破坏、城市建设用地不合理。

4.2.2.5 土地生态安全影响因子分析

土地生态安全影响因子分析主要通过 Excel 数据输入、数据标准化、特征值与特征函数的提取、主成分因子贡献率分析等步骤实现。

由于指标数据过多，本节只展示 2005 年指标数据的一部分，如图 4-45 所示。

	GDP增速（	农业总产值	人口自然增	城市化水平	地形位指数	NDVI均值	自然灾害次	人均GDP（	经济密度（	农业经济比	单位耕地面	人口密度（	城镇居民恩	城镇登记失	人均耕地面	城市扩张且	人均城市建	万元GDP工
丰荣办街道	4.302743	31.62898	1.98	67.0428	0.18	0.1764	0.027416	15631.41	0.145928	23.05628	9.248674	891.1111	37.96265	2.077759	0.035635	93.28011	107.5632	1.2202
铁西办街道	4.394796	13.93497	2.01	54.90696	0.13	0.1274	0.028003	19469.76	0.049	43.74675	12.35476	299.2162	50.45363	3.027218	0.036499	31.99158	106.3872	1.2202
太平办街道	2.138009	12.66632	1.24	61.2548	0.26	0.2548	0.013623	20806.14	0.035563	42.60502	7.431292	217.1667	40.2935	2.121761	0.126149	11.29573	106.7146	1.2202
开发区	1.425339	10.81589	3.11	58.81827	0.21	0.2058	0.009082	7846.541	0.106819	61.5022	44.41612	652.2917	38.2132	2.292792	0.009272	22.61892	98.10699	1.2202
皮口镇	8.492647	35.79182	-0.13	38.45589	0.31	0.3038	0.054113	37679.52	0.047554	53.96038	10.14751	290.3881	56.27135	2.976281	0.060649	59.99757	107.6183	1.2202
城子坦镇	7.376725	10.93106	1.28	45.38526	0.26	0.2548	0.047003	33631.49	0.047054	48.73295	12.77381	287.336	42.78765	2.367259	0.066241	51.56623	107.5803	1.2202
大刘家镇	1.900452	19.25163	-1.34	45.88543	0.19	0.1862	0.012109	6698.972	0.038594	52.87238	5.039063	235.6719	49.717	2.298302	0.166925	10.89624	107.0363	1.2202
杨树房镇	2.929369	14.09717	-0.26	50.6452	0.23	0.2254	0.018665	12912.64	0.046595	21.25126	8.104056	284.5312	32.001	2.372006	0.110259	20.27756	107.2533	1.2202
双塔镇	4.656702	12.10941	1.67	48.36029	0.43	0.4214	0.029672	15386.15	0.036485	63.5067	13.88989	222.7968	40.61075	3.363665	0.065976	25.24058	106.9289	1.2202
安波镇	9.081787	5.692955	0.43	47.28899	0.87	0.8526	0.057867	19245.85	0.022324	42.32276	21.46252	136.3229	43.05925	3.378356	0.043197	30.11979	106.5731	1.2202
四平镇	3.040427	15.42891	0.67	50.25773	0.93	0.8114	0.019373	11239.91	0.038754	56.76418	18.02344	236.654	36.4355	2.158613	0.052566	17.50492	105.8997	1.2202
沙包镇	8.139579	8.03197	1.03	46.95779	0.86	0.8428	0.051864	13925.95	0.030645	57.87818	21.4287	187.1329	34.05675	2.444341	0.043419	37.05645	106.8844	1.2202
大谭镇	3.723402	22.46372	-0.88	48.45925	0.38	0.3724	0.023725	12633.69	0.036822	41.04067	10.41609	224.8505	49.48875	2.296933	0.087884	20.36786	107.0175	1.2202
唐家房镇	3.458527	11.18654	0.43	46.5507	0.29	0.2842	0.022037	13812.57	0.043486	38.6919	6.96266	265.5448	42.0395	2.252237	0.134215	22.34296	107.4941	1.2202
莲山镇	3.503959	10.20725	1.21	47.66747	0.41	0.4018	0.022326	12698.68	0.039114	36.04742	10.39589	238.8475	44.84075	2.269045	0.088816	20.36064	107.0295	1.2202
星台镇	6.916459	14.34057	1.26	46.13981	0.44	0.4312	0.04407	24500.75	0.037445	61.47861	9.108999	228.6579	37.8525	2.407115	0.103041	38.47528	107.6661	1.2202
磨盘乡	3.529794	22.32748	-1.68	47.28899	0.56	0.5488	0.022491	10401.17	0.057438	49.31478	21.46252	350.7445	33.05925	2.378356	0.043197	30.11979	106.5731	1.2202
同益乡	4.038462	27.4203	-1.87	40.00391	1.27	0.9446	0.025732	10184.85	0.027721	58.05938	34.26825	169.2794	33.904	2.143424	0.027721	16.63152	103.609	1.2202
乐甲乡	2.938278	14.11818	0.64	40.96882	1.08	0.9584	0.018722	9635.969	0.03864	67.70363	16.89725	235.9576	43.14075	2.318845	0.05269	16.86703	105.8183	1.2202

图 4-45 因子分析数据值

将指标数据输入 SPSS 软件中，运用因子分析方法模块分别得出 2005 年、2010 年和 2015 年的特征值与相关性函数矩阵。由于数据过多，本节只显示 2005 年的部分数据，如表 4-13 所示。

表 4-13 主成分分析特征值

成分	解释的总方差					
	初始特征值			提取平方和载入		
	合计	方差的百分比/%	累积百分比/%	合计	方差的百分比/%	累积百分比/%
1	24.11	37.10	37.10	24.11	37.10	37.10
2	13.20	20.31	57.41	13.20	20.31	57.41
3	7.73	11.89	69.29	7.73	11.89	69.29
4	3.92	6.04	75.33	3.92	6.04	75.33
5	3.33	5.12	80.45	3.33	5.12	80.45
6	2.95	4.54	84.99	2.95	4.54	84.99
7	1.90	2.93	87.92	1.90	2.93	87.92
8	1.66	2.55	90.47	1.66	2.55	90.47
9	1.44	2.21	92.68	1.44	2.21	92.68
10	1.07	1.64	94.33	1.07	1.64	94.33
11	1.00	1.54	95.87	1.00	1.54	95.87
12	0.76	1.17	97.04			
13	0.57	0.87	97.92			
14	0.47	0.72	98.64			
15	0.38	0.59	99.23			

在运算特征值的同时计算出成分矩阵，由于数据过多，本节只显示其中 2005 年数据的一部分，如表 4-14 所示。

表 4-14 成分矩阵图

	成分										
	1	2	3	4	5	6	7	8	9	10	11
GDP 增长率/%	0.99	-0.02	0.12	-0.04	-0.06	0.05	0.01	0.01	0.00	-0.02	-0.01
农业总产值增长率/%	0.00	0.30	0.12	-0.23	0.68	-0.15	-0.14	0.10	0.38	-0.24	0.10
人口自然增长率/%	-0.14	0.20	0.60	0.11	-0.36	-0.22	0.24	0.11	-0.47	0.15	0.18
城市化水平/%	-0.52	0.36	0.47	-0.29	-0.38	-0.04	0.13	0.02	0.24	-0.05	
地形位指数	0.21	-0.76	-0.04	-0.40	0.10	0.02	-0.21	0.15	-0.11	-0.08	-0.27
NDVI 均值	0.30	-0.79	-0.15	-0.34	0.09	0.00	-0.20	0.14	-0.21	-0.02	-0.08
自然灾害灾变概率/%	0.95	-0.03	0.25	-0.05	-0.02	0.03	-0.06	0.01	0.01	0.09	0.01
人均 GDP/元	0.69	0.46	0.18	0.31	0.19	-0.19	-0.07	-0.03	-0.11	0.13	0.11

通过特征值与成分矩阵的分析最后筛选出影响普兰店区土地生态安全的主要影响因子，最终得出其 Kappa 系数为 0.87，系数相对较高，说明分析结果相对可靠。由于影响因子的数量过多，并且数值差异相对比较大，为了方便分析与比较，本节选取了影响土地生态安全因子排名的前四项来对结果进行分析与比较，其结果如表 4-15 所示。

表 4-15 主成分分析结果

影响因子排名与数值	2005 年		2010 年		2015 年	
1	自然灾害灾变概率	6.71	城市扩张压力	9.20	万元 GDP 工业能耗	9.89
2	NDVI 均值	6.59	城市化水平	8.91	GDP 增长率	6.93
3	工业废弃物回收利用率	6.31	人均 GDP	8.79	低产田面积比	6.33
4	人均 GDP	5.69	生活垃圾无害化处理率	8.54	人均 GDP	5.69

通过图表可以看出，在普兰店区土地生态安全发展演变的过程中主要存在以下规律和特点：①在所有影响因子里，人类活动所引起的因子是影响土地生态安全的主要贡献者，相比于自然因素，人为因素更起决定性作用；②社会经济指标的变化对土地生态安全影响越来越重要，经济的发展很大程度上影响土地生态安全的发展与变化；③除经济指标外，对土地生态安全影响较大的是自然灾害与环境保护指标；④虽然每年的主要影响指标排名顺序不同，但是每年的排名里都有人均 GDP 这一指标，说明人均 GDP 在这几年来一直是影响区域土地生态安全的重要因素。

4.3　小　　结

本章基于 CA-Markov 模型进行大连市旅顺口区和普兰店区的土地生态安全评价。该模型一般用来模拟和预测土地利用的变化，其基本原理是将元胞自动机与 Markov 转移矩阵相结合，体现空间转换和数量转换，从而达到精准的模拟和预测。首先利用 CA-Markov 模型模拟大连市旅顺口区土地利用的变化，并预测该地区未来的生态安全情况。然后利用 CA-Markov 模型来模拟快速城镇化背景下的大连市普兰店区生态安全时空演变，并分析生态安全的影响因子。

第5章　人文因素对沿海河岸地区的影响及实证分析

5.1　我国沿海地区人文因素对生态安全的影响

5.1.1　基于面板数据人文因素对生态安全影响分析

1. 指标选取及数据处理

根据沿海地区生态安全时空差异分析，人口增长为沿海地区经济发展提供了强有力的保障，产业集聚为沿海地区经济腾飞创造了动力，但人口与产业的发展也干扰了沿海地区生态系统的平衡，削弱了海岸生态系统的承载能力。外商投资是沿海地区经济的特色，但同时也使沿海地区成了污染型企业的"避难所"（徐盈之，2009），沿海生态系统面临沉重的负荷，生态安全面临巨大隐患。生态安全具有时空性与动态性，人文因素对生态安全的影响是非线性的，本书选取人口增长、产业发展、外商投资和政府管制四个要素构建沿海地区生态安全时空差异影响的面板模型：

$$ESI = \beta_0 + \beta_1 P_{it} + \beta_2 I_{it} + \beta_3 F_{it} + \beta_4 R_{it} + \varepsilon_{it} \tag{5-1}$$

式中，ESI 为生态安全指数，为被解释变量，其余变量均为解释变量；β_0 为常数项；$\beta_1, \beta_2, \beta_3, \beta_4$ 分别为各解释变量的系数；i 为城市；t 为年份；P 为各地区人口自然增长率；I 为各地区在研究年度的人均海洋产业总产值（制盐业、海上交通、滨海旅游和海洋工程等产业）；F 为实际利用的外商直接投资，政府在环境保护方面的资金投入反映政府管制程度；R, ε 为误差项，反映个体和截面发生影响的因素所产生的误差。

面板模型中所需数据来自相应年份的各地区统计年鉴及《中国海洋统计年鉴》。为便于各年度经济指标间相互比较，本章将海洋产业总产值与外商直接投资均以 1996 年为基期，换算为统一不变价格。海洋产业总产值用全国 GDP 缩减指数换算，外商直接投资先用当年人民币与美元之间汇率折算成人民币，再用固定资产投资价格指数换算为 1996 年不变价格。

2. 面板单位根检验

对时间序列而言，用存在单位根的序列变量进行回归，将产生虚假回归或者伪回归，面板数据也存在类似的问题（吴振信等，2011）。因此，为确保估计结果的有效性，在回归之前必须对所有序列进行单位根检验。在 EViews6.0 中进行 unit root test 操作结果可知，变量 ESI 和 P 为平稳序列，而解释变量 I、F 和 R 为非平稳变量，且均是一阶平稳。此时变量之间非同阶单整，不能进行协整检验或者直接对原序列进行回归，需对序列进行差分或者对数处理，使序列成为同阶序列。研究中的非平稳变量进行对数化后均为平稳变量，因此可以用变换后的序列进行直接回归。

3. 模型设定

面板数据模型能够同时反映研究对象在时间和截面单元两个方向上的变化规律及不同时间和不同单元的特性（王彦彭，2008），并能有效防止多重共线性，可以准确反映出解释变量与被解释变量之间的关系，在计量经济学中得到广泛应用。

设 y_{it} 为被解释变量在横截面 i 和时间 t 上的数值；x_{it} 为解释变量在横截面 i 和时间 t 上的数值，μ_{it} 为横截面 i 和时间 t 上的随机误差项；β_i 为第 i 截面模型参数；α_i 为常数项或截距项，代表第 i 截面（第 i 个体的影响）；α_j 为解释变量系数影响。则单方向面板数据模型的（分量）一般形式可写成

$$y_{it} = \alpha_i + \beta_i x_{it} + \mu_{it} \quad (i=1,2,\cdots,n; t=1,2,\cdots,T) \tag{5-2}$$

该模型通常有三种情况：

（1）变截距模型：$\alpha_i \neq \alpha_j, \beta_i = \beta_j$。

（2）变系数模型：$\alpha_i \neq \alpha_j, \beta_i \neq \beta_j$。

（3）混合回归模型：$\alpha_i = \alpha_j, \beta_i = \beta_j$。

研究面板数据的重要步骤是根据所研究问题来确定模型形式，通常使用的方法是协方差检验分析，可以通过两个假设来检验。

假设 1：斜率在不同的横截面样本点上和时间上都相同，但截距不相同；

假设 2：截距、斜率在不同的横截面样本点上和时间上都相同。

首先检验假设 2，如果不能拒绝，则选用混合回归模型，不需要进一步检验。如果拒绝了假设 2，则检验假设 1 以确定模型是变截距模型还是变系数模型；若不能拒绝假设 1，则选择变截距模型；若拒绝了假设 1，则应该选择变系数模型。

通常用 F 统计量的方法来检验假设 1 和假设 2，检验假设 2 的 F 统计量为

$$F_2 = \frac{(S_3 - S_1)/[(n-1)(K+1)]}{S_1/[nT-n(K+1)]} \sim F[(n-1)(K+1), n(T-K-1)] \tag{5-3}$$

检验假设 1 的 F 统计量为

$$F_1 = \frac{(S_2 - S_1)/[(n-1)K]}{S_1/[nT-n(K+1)]} \sim F[(n-1)K, n(T-K-1)] \tag{5-4}$$

式中，S_1、S_2 和 S_3 分别为采用变系数模型、变截距模型和混合回归模型估计后所得残差平方和；n 为横截面数；T 为研究时序期数；K 为解释变量数。

运用计量经济学软件 EViews6.0 对模型进行实证分析，由于 Hausman 检验结果 P=0.0000，拒绝原假设（随机效应），故模型的影响形式应选择固定效应。同

时对模型进行协方差检验，结果如表 5-1 所示。

表 5-1　模型的协方差检验表

变系数模型	变截距模型	混合回归模型
$S_1=0.091\,619$	$S_2=0.232\,647$	$S_3=0.527\,443$
	$N=5,K=4,T=15$	
	$F_2=10.465\,22$	$F_{0.05}(50,110)=1.465\,951$
$F_1=4.233\,04$		$F_{0.05}(40,110)=1.504\,268$

　　由表 5-1 可知，模型的 F_2 大于临界值，因此拒绝假设 2，不是混合回归模型，同时 F_1 也大于临界值，所以也拒绝假设 1，也不是变截距模型。综上分析，书中所建立的沿海地区生态安全人文影响因素分析模型属于变系数模型，即各个解释变量对不同地区生态安全影响强度各异。

5.1.2　我国沿海地区人文因素对生态安全影响分析

5.1.2.1　研究区概况

　　沿海地区通常是指濒临海洋、有海岸线分布的区域。我国沿海地区包括北起鸭绿江河口、南达北仑河口绵延 1.8 万 km 的海岸线附近的河北、辽宁、江苏等 8个省、广西壮族自治区和天津、上海 2 个直辖市（因台湾地区数据缺失，研究区域为沿海 11 个行政区）。因其深受海洋环流的影响，气候湿润，环境优美，非常适合人类居住，人口承载力高，在约占全国 14%的陆地国土面积上集中了全国 70%以上的大城市和 50%的人口（钟兆站，1997），远远超过中部和西部地区。沿海地区自然资源丰富、交通便捷、科技力量雄厚，凭借其独特的区位优势，经济发展水平和发展速度遥遥领先于西部和中部地区，成为我国经济发展的龙头。据统计，沿海地区 GDP 比例约占全国的 60%。20 世纪末以来，该区作为改革开放的前沿，工业化和城市化步伐加快，至今已形成环渤海、长江三角洲、海峡西岸、珠江三角洲和环北部湾 5 个经济区和多个连绵城市带。然而在粗放型增长方式支配之下的海岸快速发展，亦伴随着一个极其严重的"后遗症"，即生态环境急剧恶化，人类活动对海洋及海岸环境形成的生态压力巨大且持久，沿海生态安全威胁日益严峻。

5.1.2.2　生态安全评价

1. 生态安全评价指标体系构建

　　OECD 和联合国环境规划署（United Nations Environment Programme，UNEP）共同提出的环境指标 P-S-R 模型揭示了人地相互作用的链式因果关系（周炳中等，2001），即经济和社会发展的资源需求与环境负荷对自然环境形成了一定的压力，这种压力又会导致环境状态发生变化，而人类应当也会对自然环境的变化做出响应，采取措施以保护环境，遏制生态退化。本章借鉴 P-S-R 模型，在构建生态安全指标体系时，综合考虑自然、经济、社会和环境等多方面的因素，特别重视人类活动在自然环境变化中的作用，从压力、状态和响应三个方面选取 25 个指标，构建了沿海地区生态安全评价指标体系（图 5-1）。

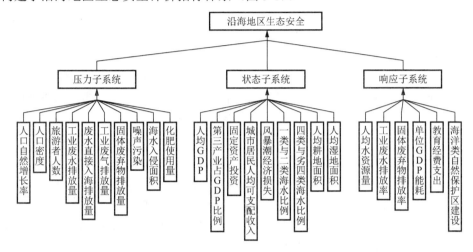

图 5-1　沿海地区生态安全评价指标体系

2. 生态安全模型与结果分析

1）数据标准化与权重

文章所需经济及环境指标数据来源于 1996~2010 年沿海地区的统计年鉴及 15 年间的《中国海洋统计年鉴》，其中海水水质状况和海洋灾害经济损失源于各年度《中国海洋环境质量公报》和《中国海洋灾害公报》。不同的指标对生态安全演变的影响各异，本章分别根据生态安全变化正向影响指标与负向影响指标，采用极值法进行数据标准化。

多指标综合因子权重的确定是综合评价过程中重要的一环。本章选取变异系数法直接利用各项指标所包含的信息，通过数学方法计算求得指标的权重。

2）生态安全指数评价与分析

生态系统是经济-社会-环境的复合系统，各子系统内部及各子系统间相互联系、相互影响，各个评价指标只体现了某个角度的信息，因此，有必要进行综合评价以反映复合系统的生态安全状况。本章采用综合指数法对沿海地区生态安全状况进行评价，评价值越大，代表生态安全度越高。沿海地区 15 年生态安全变化情况如图 5-2 所示。从时间序列上看，沿海地区整体生态环境状况波动和缓，生态安全指数由 1996 年的 0.4642 增长到 2010 年的 0.5545，其中 2002~2004 年生态安全指数增长幅度较大,年均增长率达到 9.56%,总体生态环境状况呈现出以 2002～2004 年为分水岭稳步转好的趋势。从空间差异来看,沿海地区生态安全指数差异显著,东南部地区生态状况明显优于东北部地区。环北部湾经济区由于经济发展水平较低,科学技术水平落后,对资源环境的利用强度小,开发建设时间也晚,且在发展中主要以旅游业等清洁型产业为主,重视环境保护,因此该地区生态环境质量状况最好,海南省在研究时段内生态状况均处于很安全等级。广东省经济水平发达,技术力量雄厚,工业发展多依靠核能等新型能源,污染较少,生态环境也处于安全等级。福建省长期盲目追求经济增长,大量排放的污染物直接入海,四类和劣四类海水在全国海区中所占比例最高,海水水质退化严重,致使该区生态环境持续恶化,从较安全等级逐渐退化到很不安全等级。由江苏省、浙江省和上海市所形成的长江三角洲经济区生态状况形势比较严峻,生态状况一直在临界等级与较不安全等级徘徊,未来要继续依靠技术支撑,实现产业结构升级,促进地区实现可持续发展。北部沿海带的生态环境质量长期较差,1996 年与 2000 年河北、辽宁和山东三省区生态状况均处于很不安全等级,天津市也由临界安全等级退化为较不安全等级。随着科学发展观及节能减排等政策的实施,此区生态状况有所好转,但是惯性作用下,生态响应需要一定的周期才能作用于整个生态系统,环境变化速度较慢,2010 年河北省和山东省生态环境仍处于较不安全等级,未来仍需采取措施促进经济发展方式转变,开发新型能源,防治海洋污染,实现人地(人海)关系和谐。因此,生态安全时空差异主要表现于工业发展、经济技术水平与政府行为等人文活动方面。

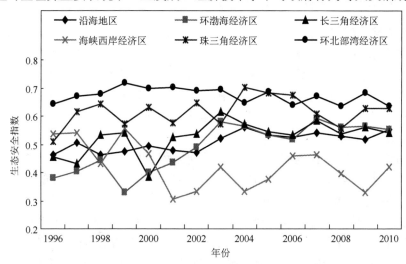

图 5-2　1996～2010 年沿海各经济区生态安全演变趋势图

5.1.2.3　基于面板数据的我国沿海地区人文因素对生态安全影响分析

1. 基于面板数据模型回归分析

面板数据既包括时间序列数据，又包括横截面数据，可能出现异方差和序列相关性问题，会使普通最小二乘法失效（高铁梅，2006），因此本章在估计模型中选择截面加权（cross-section weights）的方式对模型进行估计以提高参数估计的有效性，具体回归结果见表 5-2。

表 5-2　变系数固定效应模型回归结果

变量	系数	T-统计量	相伴概率
C	0.529 835	53.303 89	0.000 0
P_环渤海经济区	−0.033 417	−41.932 03	0.000 0
P_长三角经济区	−0.063 126	−80.480 90	0.000 0
P_海峡西岸经济区	−0.002 508	−53.486 81	0.000 0
P_珠三角经济区	−0.004 094	−9.591 372	0.000 0
P_环北部湾经济区	−0.014 605	−29.351 45	0.000 0
I_环渤海经济区	0.099 729	45.071 67	0.000 0
I_长三角经济区	0.072 717	26.192 22	0.000 0
I_海峡西岸经济区	−0.278 912	−115.019 3	0.000 0
I_珠三角经济区	0.107 156	31.129 85	0.000 0
I_环北部湾经济区	0.012 393	5.364 893	0.000 0
F_环渤海经济区	0.046 480	16.627 11	0.000 0
F_长三角经济区	−0.024 271	−7.631 741	0.000 0
F_海峡西岸经济区	0.171 186	60.869 71	0.000 0
F_珠三角经济区	−0.020 029	−4.853 774	0.000 0
F_环北部湾经济区	0.037 260	21.563 29	0.000 0
R_环渤海经济区	0.043 472	26.866 20	0.000 0
R_长三角经济区	0.014 163	8.394 528	0.000 0
R_海峡西岸经济区	0.101 128	59.273 25	0.000 0
R_珠三角经济区	0.010 992	6.973 339	0.000 0
R_环北部湾经济区	0.014 832	17.848 30	0.000 0
Fixed Effects（Cross）			
环渤海经济区—C	−0.773 684	R^2	0.911 862
长三角经济区—C	−0.164 756	调整 R^2	0.869 556
海峡西岸经济区—C	1.412 115	F-统计	21.553 89
珠三角经济区—C	−0.455 932	概率 F-统计	0.000 000
环北部湾经济区—C	−0.017 742		

2. 基于面板数据模型运算结果

由表 5-2 可知，模型回归的效果较理想，模型的拟合优度 R^2 为 0.9119，调整后的数值为 0.869 556，F 检验相伴概率为 0，各解释变量的 T 检验值均比较高，相伴概率均为 0，说明本章所选解释变量对沿海五个经济区生态安全时空差异的影响比较显著。

由表 5-2 可知，沿海地区生态安全与人口增长呈现负相关关系，随着经济发展，人口在沿海城市大规模集聚会导致人口、资源与环境之间矛盾日趋尖锐，地区生态承载力降低，生态环境日趋退化，这与我国沿海地区当前实际情况相符。同时影响系数不同表明人口对各经济区生态安全影响程度具有差异性，其中人口增长对环北部湾地区的生态安全影响程度最大，这主要与该地人口长期持续高水平增长有关；而海峡西岸经济区人口对生态安全影响系数较小，体现了人口增长对环境的负效应并不是该地生态退化的主要因素。

发展海洋产业是人类对沿海生态环境影响最直接、强度最大的活动。诸如利益的驱使促进大规模远洋捕捞和海水养殖业发展，这不仅会造成海洋渔业资源减少、生物多样性受损，边境捕捞还为国家安全增添了新的隐患；而过度挖沙和采矿导致资源减少的同时也带来了岸线后退、海水入侵等更深重的灾难。本章研究显示，发展海洋产业对沿海大部分经济区生态安全具有正向影响，只对海峡西岸经济区呈现负相关关系，且系数为-0.278 912，说明发展海洋产业对该区生态退化具有明显的负向作用。这一方面是由海峡西岸长期大规模挖沙采矿造成沿岸生态功能受损所致，另一方面也体现了沿海经济区高度重视海洋产业发展中的环境效应，注重环境的保护与治理，关注人海和谐发展，同时先进技术在环境污染处理方面的贡献也不容忽视。

外商直接投资对沿海地区生态安全影响明显呈现出区域差异性，其中对长三角经济区和珠三角经济区生态安全影响系数为负数，反映了随着外商投资额的增加，该地区生态安全程度在降低。这与我国沿海地区现阶段实际情况相符，长三角和珠三角经济区对外开放时间较早，开发程度也相对较高，积极参与经济全球化，大力利用国际资本和技术，但引入我国的企业中不乏有技术含量低、环境污染严重、只是打着外资的幌子利用我国廉价劳动力和丰富资源的处于全球产业链最低端的制造业，这些产业的发展只会对区域生态环境带来沉重的负荷，这也在一定程度上证明了著名的"污染避难所"的假说。研究结果还显示外商投资与沿海其他经济区生态安全呈现正相关关系，特别是海峡西岸经济区的影响系数最大，这说明外商投资所带来的经济效应大于其对环境的压力，同时也与近年来我国对外商投资的限制门槛提高密切相关。

环境管制对沿海各经济区生态安全的正向影响说明政府增加环境污染治理投资额对生态安全有明显的促进作用，环渤海经济区的影响系数最大，为 0.043 472，这体现了该区增加环境治理投资会显著改善当前依赖化石能源燃料带来的环境污染问题，生态环境安全程度得到提升。珠三角地区的影响系数最低，仅为 0.010 992，这也与我国南方缺乏煤、石油等燃料，能源主要依靠水能、核能等污染较少的资源的实际情况相符。

3. 结论与建议

（1）探究人文因素对沿海地区生态安全的影响是一个崭新的课题。本章基于压力-状态-响应模型，综合考虑沿海地区生态系统的特殊性，构建了沿海地区生态安全评价指标体系，运用综合指数法计算了1996～2010年沿海地区的生态安全指数，通过分析15年来沿海地区生态安全时空差异特征，总结人口增长、产业发展、经济技术水平与政府行为是沿海地区生态安全差异的主要影响因素。

（2）生态安全具有时空性与动态性，人文因素对生态安全的影响是非线性的，如何定量分析其影响程度是生态安全演变机理研究的一个难题。面板数据模型能够同时反映研究对象在时间和截面单元两个方向上的变化规律及不同时间和不同单元的特性，并能有效防止多重共线性，可以准确反映出解释变量与被解释变量之间的关系。本章基于生态安全综合评价的结果，利用面板数据模型定量分析影响沿海地区15年生态安全时空差异的人文因素。结果显示，各影响因素对沿海不同地区生态安全影响程度不同，人口变动与生态安全变化呈现负相关关系，而环境管制与生态安全有明显的正相关效应，海洋产业发展与外商投资对各地区生态安全变化的影响比较复杂。

（3）本章以1996～2010年沿海地区面板数据实证研究了沿海地区生态安全的人文因素影响，所得结论可以为沿海地区生态安全影响机理分析提供参考。由于沿海地区科学技术数据缺失，在面板模型中未能得到体现。本章探讨了主要人文因素对沿海地区生态安全的影响，但人文因素对沿海生态安全的影响不仅为人口增长、产业发展、外商投资和政府管制四个方面，生态安全影响机制分析还应增添其他因素。

5.2　基于定量评价方法的人文因素对流域生态环境影响

5.2.1　人文因素对流域生态环境影响的定量评价方法

1. 人文因素影响指标体系

在参考大量指标体系、咨询相关专家的基础上，结合本书研究区域，构建了表5-3的指标体系。该指标体系分为5层，A层为目标层，B层为准则层，C层为指标层，D层亦为指标层，E层为指标项。其中，B层准则层为人文因素对生态环境影响体系中的3个子系统，分别是人文因素、区域资源、区域环境。人文因素指标又包括压力类指标和潜力类指标两类。压力类指标即指标数值越大，对区域生态环境带来的负面影响越大，包括经济增长速度类指标、环境污染类指标、物耗类指标、人口类指标、社会类指标和区际联系类指标六类。潜力类指标是指随着科学技术的发展，人民生活水平不断提高，环保意识逐渐增强，为减轻或降低区域生态环境压力的一些指标。该类指标值越大，对区域生态环境的负面影响越小，包括社会经济发展程度类指标、科技潜力类指标、生活质量类指标三类。承受体类指标，包括资源类指标和环境治理类指标。以下具体说明所选指标。

（1）经济增长速度类指标。经济增长体现一个地区在一定时间内经济增长的速度，也是衡量一个地区总体经济实力增长的标志，是人类活动追求的主要目的。GDP 增长率是最直接反映经济增长速度的指标，第一产业、第二产业、第三产业三个产业亦是国民经济的重要支柱，是促进经济增长的主要因素。渔业是指捕捞和养殖鱼类和其他水生动物以及海藻类等水生植物以取得水产品的社会生产部门。渔业是人类在河流流域活动最主要的部门之一，渔业产值增长率也是人类在河流流域活动情况的主要表现。基于此，经济增长类指标最终确定 GDP 年均增长率（%）、第一产业增长率（%）、第二产业增长率（%）、第三产业增长率（%）、渔业产值增长率（%）五项指标。

（2）环境污染类指标。环境污染指通过自然的或人为的破坏，向环境中添加某种物质超出了环境自净能力而产生危害的行为。近些年来，很多地方人为对环境的破坏远远超过了自然环境自身的破坏。其人为活动主要来自工业生产、日常生活，基于对流域生态环境影响较大，最终确定万元 GDP 废水排放量（t）、万元 GDP 固体废物生产量（t）、年人均污水排放量（t）以及空气质量二级以上所占比例（%）四项指标。

（3）物耗类指标。物耗主要指物资消耗，本节选择万元 GDP 能耗（t）、万元 GDP 水资源耗量（m^3）两项指标。

（4）人口类指标。总人口量（人），以年鉴中所提供的地区户籍人口为准，不同的人口规模可以在宏观上体现出人口对区域的压力。人口密度（人/km^2）是单位面积人口的数量，表示某区域人口密集程度。人口自然增长率（‰）是反映人口发展速度的重要指标，用来表示人口自然增长和发展的趋势，通过人口自然增长率可以判断人口对区域压力的发展趋势。非农人口比例（%）指非农业人口占总人口的比例。农业人口大都活动在乡村，其一些活动很少受到约束限制，往往会造成对流域生态环境最原始的破坏。

（5）社会类指标。失业率（%）、人均居住面积（m^2）两项指标在一定程度上反映社会发展状况。

（6）区际联系类指标。全社会货运周转量（万 t/km）可以全面地反映运输生产成果。全社会客运周转量（万人/km）是体现旅客运输的重要指标。虽然辽河现已不用来运输，但是货运周转量与客运周转量可以体现地区交通运输状况，亦是人文因素中重要的压力类指标。

（7）社会经济发展程度类指标。采用人均 GDP（元）、第三产业所占比例（%）两项指标来表示。该类指标反映社会发展程度，社会发展程度越高，人民素质相应也会有所提高，进而增强环保意识，减小对生态环境的压力。

（8）科技潜力类指标。本节只选择了从事环境保护工作人员（人）一项指标，此类人员直接从事环保工作，其科研成果是对整个地区生态环境保护贡献最大的科技潜力之一。

（9）生活质量类指标。生活质量类指标包括城镇居民人均可支配收入（元）、农民人均纯收入（元）、城市恩格尔系数（%）、农村恩格尔系数（%），此四项指标直接反映人民生活质量。因农村生活与城市生活存在一定差别，所以将收入指标与恩格尔系数指标均分为城市与农村两个方面统计。

（10）资源类指标。该类指标主要指自然资源，属于承受体类，研究人文因素对流域内生态环境的影响，所以选择大量有关河流的指标，如人均水资源量（m³）、水资源总量（m³）、水质在三类以上比例（%）、用水总量（m³）、耗水量（m³）、流域面积（km²）、降水量（mm）、地表水资源量（m³）、地下水资源量（m³）、水资源总量与平均值比较（%），其他有关资源类指标详见表 5-3。这些指标在不同年间的变化，体现出流域内生态环境的变化，进一步体现出人文因素对该地区生态环境的影响。

（11）环境治理类指标。人类寻求发展给生态环境带来的危害是不可避免的，但需要采取相应措施降低人为活动对生态环境的危害。针对环境污染主要来自工业生产和日常生活，最终确定工业废水处理率（%）、工业固体废物综合利用率（%）、建成区绿化率（%）、城市污水集中处理率（%）四项指标为环境治理类指标，用以反映人类改善环境程度。

表 5-3　人文因素对辽河流域生态环境影响评价指标体系

目标层 A	准则层 B	指标层 C	指标层 D	指标项 E
人文因素影响评价体系	人文因素	压力类指标	经济增长速度	GDP 年均增长率（%）、第一产业增长率（%）、第二产业增长率（%）、第三产业增长率（%）、渔业产值增长率（%）
			环境污染	万元 GDP 废水排放量（t）、万元 GDP 固体废物生产量（t）、年人均污水排放量（t）、空气质量二级以上所占比例（%）
			物耗	万元 GDP 能耗（t）、万元 GDP 水资源耗量（m³）
			人口	总人口量（人）、人口密度（人/km²）、人口自然增长率（‰）、非农人口比例（%）
			社会	失业率（%）、人均居住面积（m²）
			区际联系	全社会货运周转量（万 t/km）、全社会客运周转量（万人/km）
		潜力类指标	社会经济发展程度	人均 GDP（元）、第三产业占 GDP 比例（%）
			科技潜力	从事环保工作人员（人）
			生活质量	城镇居民人均可支配收入（元）、农民人均纯收入（元）、城市恩格尔系数（%）、农村恩格尔系数（%）

目标层 A	准则层 B	指标层 C	指标层 D	指标项 E
人文因素影响评价体系	区域资源	承受体类指标	资源	森林覆盖率（%）、人均水资源量（m³）、水资源总量（m³）、人均农作物播种面积（亩）、水质在三类以上比例（%）、用水总量（m³）、耗水量（m³）、流域面积（km²）、降水量（mm）、地表水资源量（m³）、地下水资源量（m³）、水资源总量与平均值比较（%）
	区域环境		环境治理	工业废水处理率（%）、工业固体废物综合利用率（%）、建成区绿化率（%）、城市污水集中处理率（%）

2. 指标标准化处理

若要定量分析人文因素对区域生态环境的影响，首先要对各维指标值进行无量纲化处理，构造向量 (X')，(Y')，(Z')，$X'=X_{现值}(\text{opr})X_{临界值}$，$Y'=Y_{现值}(\text{opr})$ $Y_{临界值}$，$Z'=Z_{现值}(\text{opr})Z_{临界值}$，其中（opr）代表某种特殊的运算符。然后再构造向量 (X'')，(Y'')，(Z'')，即区域资源、区域环境、人文因素在状态空间中的坐标值。计算如下：

$$X''=\omega_{11}X_1'+\cdots+\omega_{1m}X_m' \tag{5-5}$$

$$Y''=\omega_{21}Y_1'+\cdots+\omega_{2n}Y_n' \tag{5-6}$$

$$Z''=(\omega_{31}Z_1'+\cdots+\omega_{3h}Z_h')-(\omega_{3(h+1)}Z_{h+1}'+\cdots+\omega_{3n}Z_n') \tag{5-7}$$

3. 人文影响指数计算

人文因素对生态环境的影响为

$$\text{EIH}''=\sqrt{X''^2+Y''^2+Z''^2} \tag{5-8}$$

经过同样方法计算得

$$\text{EIH}''_{临界值}=\sqrt{X''^2_{临界值}+Y''^2_{临界值}+Z''^2_{临界值}} \tag{5-9}$$

通过对 EIH'' 与 $\text{EIH}''_{临界值}$ 比较可得到三种结果，分别代表人文因素对区域生态环境影响的三种状态（王耕等，2016），具体如下：

$\text{EIH}''>\text{EIH}''_{临界值}$：影响过度；

$\text{EIH}''=\text{EIH}''_{临界值}$：临界状态；

$\text{EIH}''>\text{EIH}''_{临界值}$：影响适度。

5.2.2　辽河流域人文因素对生态环境影响分析

5.2.2.1　辽河流域简介

1. 辽河流域界定

辽河水系是我国七大水系之一，更是东北地区最重要的水系之一。辽河水系包括辽河、浑河、太子河、绕阳河等河流。从行政区划层面来看，辽河主要流经吉林省、内蒙古自治区、辽宁省三省（区）。辽河上游分为两支，分别是西辽河、东辽河，西辽河由老哈河、西拉木伦河在内蒙古自治区翁牛特旗汇聚而成，东辽河发源于吉林省东辽县。西辽河与东辽河在辽宁省昌图县福德店村汇聚，形成辽河干流，最终在盘锦市盘山县注入渤海。

　　本书研究的河段为辽宁省境内辽河干流河段，即由昌图县福德店至盘锦市盘山县入海口，以辽河干流为主线，将其流经的城市有机地组成一个体系。研究区域介于 40°58′N～43°33′N，122°07′E～124°48′E，河流长度 538 km，流域面积 28 696.56 km^2，约占辽宁省总面积的 20%，水量占全流域水量七成以上，流经的城市按地级市划分包括铁岭市、沈阳市、鞍山市、盘锦市。目前辽河流域水环境管理以行政区域管理为主，若以地级市为具体的研究单元，研究尺度过于宽泛，例如海城市、台安县、岫岩县、鞍山市区均为鞍山市所管辖，但是辽河干流只流经台安县，如采用鞍山市数据进行计算研究，结果不够科学，因此有必要将研究的地域单元尺度进一步缩小。以县级行政区及市区为基本的研究单位，包括昌图县、开原市、铁岭县、调兵山市、康平县、法库县、新民市、辽中县（2016 年 1 月，国务院批准辽中县撤县设区，在本节研究的时间尺度内仍为辽中县）、台安县、盘山县、大洼县、铁岭市区、沈阳市区、盘锦市区共 14 个研究单元。铁岭市区包括银州区、清河区；沈阳市区包括大东区、皇姑区、沈河区、和平区、铁西区、沈北新区、于洪区、苏家屯区、浑南区；盘锦市区包括兴隆台区、双台子区。因此，本书所述的辽河流域即指以上 14 个研究单元范围（图 5-3），受图幅所限，本章图中铁岭市指铁岭市区，沈阳市指沈阳市区，盘锦市指盘锦市区。

　　2. 辽河流域地理环境

　　1）自然地理环境
　　（1）地形地貌。辽河流经的主要地貌类型为平原，即辽河平原，高程在 200 m 以下，小部分为丘陵，主要集中于辽河干流上游，高程在 500 m 左右。
　　（2）气候特征。辽河流域由北向南依次跨中温带、暖温带两个温度带，年平均气温为 4～9℃，主要气候类型为半干旱半湿润温带季风气候，年降水量在 350～1000 mm，年平均径流量为 89 亿 m^3，降水空间变率大，东部地区降水量远远大于西部地区，由于季风气候显著，降水集中于夏季，夏季降水量达全年 60%～75%，水位变化很大。

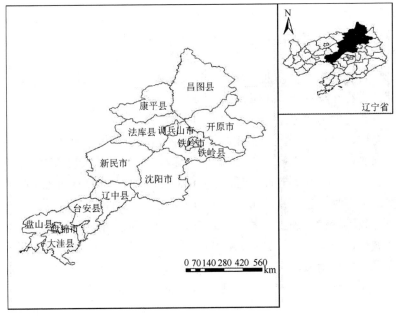

图 5-3　研究区域示意图

（3）水文特征。辽河属于北方河流，一年中有春汛、夏汛两汛期。冬季虽然寒冷，但是降雪量小，融雪洪水亦很少。据目前多年记载，还没有因为融雪造成洪灾的实例，因此春汛较稳定。受季风气候影响，全年降水集中于夏季，且夏季多暴雨，强度大、雨速急，夏汛易发生洪水，平均每隔 7～8 年发生一次较大洪水，2～3 年发生一次一般性洪水。辽河流域上游多为丘陵山地，土壤为黄白土和风沙土，植被较差，覆盖率低，水土流失严重，因此，辽河含沙量较高，仅次于黄河、海河，为我国输沙量第三大河，年均输沙量可达 2098 万 t。

（4）自然资源。辽河流域矿产资源丰硕，铁岭市蕴藏着大量的煤炭资源，国家特大型煤炭企业铁法煤业集团是全国八大煤炭基地之一，其年生产能力可达 1500 万 t。盘锦市地下储藏丰富的石油、天然气资源，中国陆地大油田之一的辽河油田便坐落于此，累计探明石油储量 21 亿 t，天然气储量 1784 亿 m^3；另有已探明的石灰石、白黏土、大理石、铜、铁、锌等矿藏。除此之外，绵长的辽河干流孕育了大量的生物资源，例如具有科学价值和生物意义的动物白鹤、丹顶鹤、赤狐等，具有药用价值的植物人参、五味子、党参等。此外，辽河干流还滋润了我国重要的农业基地，主要农作物为玉米、水稻、大豆等。

2）人文地理环境

（1）行政。辽河干流流经铁岭市管辖的昌图县、开原市、铁岭市区、铁岭县、调兵山市，沈阳市管辖的法库县、新民市、沈阳市区、辽中县，鞍山市管辖的台安县，盘锦市管辖的盘锦市区、盘山县、大洼县。铁岭市位于辽宁省中部城市群，是沈阳经济区副中心城市，素有"小品之乡"的美誉；沈阳市是辽宁省省会、副省级城市、中国东北地区的中心城市、全国重要的工业基地，有着"共和国长子"和"东方鲁尔"的美誉；盘锦市位于辽河三角洲的中心地带，有"油城""鹤乡"之称。

（2）人口。2015 年年末，研究区域人口为 1136.32 万人，占全省人口的 25.9%，比上一年增长 0.3%，人口密度达到 396 人/km^2，总体来看，研究区域属于人口密集区。除汉族外，还包括满族、朝鲜族、蒙古族、回族、锡伯族、土家族等 30 余个少数民族。

（3）经济。2015 年研究区域全年生产总值为 800 亿元，占全省生产总值的 28.6%。该区域农业和工业比较发达，是我国重要的农业基地，主要生产粮食作物、经济作物、油料作物、蔬菜、食用菌等，农、林、牧、渔产值在总产值中占有很大比例。辽宁省是我国重要的老工业基地之一，也是全国工业行业最全的省份之一，研究区域在工业方面亦是十分昌盛，装备制造业和原材料工业比较发达，冶金矿山、输变电、石化通用、金属机床等重大装备类产品和钢铁、石油化学工业在全国占有重要位置。此外，该区域旅游业也在蓬勃兴起，沈阳市故宫、昭陵、福陵和盘锦市红海滩等景区以其独有的魅力吸引着国内外游客，旅游业的不断完善和发展也在带动着其他服务行业发展。

（4）交通。历史上我国水陆运输比较发达，辽河为水路运输最重要的河流，是古代中原连通吉林省、黑龙江省的主要渠道。光绪二十九年（公元 1904 年）辽宁省境内铁路修到新民，开启了辽河流域铁路运输的大门，现在辽宁省主要铁路干线达十余条，高速铁路也在不断修建中，就全流域而言，形成了四通八达的铁路网。目前，高速公路网已经建成，形成了以沈阳为中心向四周辐射状的高速公路体系。辽宁省主要机场共有 9 个，其中分布在辽河流域的机场包括沈阳桃仙国际机场。

5.2.2.2　生态环境影响分析

1. 数据来源

数据的准确与否直接影响研究是否科学，因此数据的获取尤为重要。研究内容的时间跨度为 2005～2015 年，根据已建立好的指标体系，数据主要来源于 2005～2015 年《辽宁省统计年鉴》、各地区统计年鉴、各地区经济和社会统计公报、各地区政府及统计局官方网站、松辽流域水文信息网、辽宁省水文信息网、辽宁省防汛抗旱水情信息网、相关期刊等。对于一些较难掌握一手数据的地区，而其所属上一级行政区可以查到该相关数据，根据该地区占其所属行政区面积比例，分割相关数据。例如，昌图县隶属于铁岭市，在找不到昌图县地表水资源量，但是可以找到铁岭市地表水资源量的情况下，可以把昌图县占铁岭市面积比例应用于铁岭市水资源量的分配。由于统计的数据时间跨度和空间跨度相对较大，一些数据难以获取，可根据已经找到的相关数据，采用插值法将数据体系补充完整。

2. 人文因素对生态环境影响临界值的确定

要判断人文因素对流域内生态环境影响是过度、适度、临界哪种状态，与人文因素影响综合指数的比较非常重要。本节人文因素对生态环境影响临界值的确定首先以国标为准；对于不能确定国标的指标，咨询多个相关专家取平均值，作为临界值；其次参照国内外研究区域与本节研究区域相似的区域指标，作为临界值参考；最后如若还有不能确定临界值的指标，将该指标辽宁省的平均值作为临界值。

3. 数据处理

研究指标体系共有 42 个具体指标，涉及 10 个方面，几乎每个指标都具有不同的单位，而且有些指标数据相差非常悬殊，因此无法科学地进行比较，首先将各指标通过（opr）特殊运算消除量纲，进行归一化处理，再根据已构建好的模型计算人文因素综合指数。

4. 权重确定

权重表示某指标在指标体系中的重要程度，为避免权重过于主观性以达到更加科学的程度，采取变异系数方法求权重，根据不同指标数据确定不同指标权重，能够客观反映出指标数据的变化情况，具体方法如下：

设有 k 个比较对象，j 个评价指标，经过无量纲处理则可以得到指标体系新的矩阵：

$$X = \begin{bmatrix} X_{11} & \cdots & X_{1k} \\ X_{21} & \cdots & X_{2k} \\ X_{j1} & \cdots & X_{jk} \end{bmatrix} \tag{5-10}$$

第 m 项变异系数为

$$E_m = \frac{\sigma_m}{\overline{X}_m} \ (m = 1,2,3,\cdots,j) \tag{5-11}$$

$$\overline{X}_m = \frac{1}{k} \sum_{m=1}^{k} X_{jk} \ (m = 1,2,3,\cdots,j) \tag{5-12}$$

$$\sigma_m = \sqrt{\frac{1}{k-1} \sum_{m=1}^{k} \left(X_{jk} - \overline{X}_m \right)} \ (m = 1,2,3,\cdots,j) \tag{5-13}$$

第 m 项权重为

$$\omega_m = \frac{E_m}{\sum_{m-1}^{k} E_m} \quad (m = 1,2,3,\cdots,j) \tag{5-14}$$

本节研究时间为 2005～2015 年，根据以上方法每一年均会计算出相应的权重，计算哪一年的人文因素对生态环境影响的综合指数、临界值便用该年所对应的权重，结果如表 5-4 所示。

表 5-4　人文因素对辽河流域生态环境影响权重

指标	2005 年	2006 年	2007 年	2008 年	2009 年	2010 年	2011 年	2012 年	2013 年	2014 年	2015 年
GDP 年均增长率	0.017	0.024	0.018	0.016	0.018	0.020	0.015	0.019	0.018	0.029	0.025
第一产业增长率	0.020	0.020	0.018	0.018	0.018	0.019	0.014	0.024	0.020	0.025	0.068
第二产业增长率	0.019	0.027	0.021	0.018	0.034	0.024	0.016	0.020	0.020	0.036	0.026
第三产业增长率	0.014	0.019	0.016	0.014	0.018	0.020	0.015	0.019	0.017	0.024	0.025
渔业产值增长率	0.020	0.022	0.153	0.255	0.019	0.017	0.014	0.019	0.022	0.021	0.037
万元 GDP 废水排放量	0.047	0.027	0.021	0.020	0.023	0.024	0.020	0.030	0.029	0.028	0.058
万元 GDP 固体废物生产量	0.043	0.044	0.041	0.039	0.047	0.045	0.033	0.031	0.041	0.040	0.033
年人均生活污水排放量	0.018	0.024	0.022	0.018	0.024	0.024	0.018	0.023	0.021	0.021	0.019
空气质量二级以上所占比例	0.016	0.020	0.018	0.016	0.020	0.020	0.015	0.020	0.018	0.022	0.020
万元 GDP 能耗	0.060	0.019	0.017	0.017	0.039	0.039	0.030	0.040	0.036	0.036	0.041
万元 GDP 水资源消耗量	0.034	0.042	0.038	0.033	0.039	0.036	0.030	0.040	0.036	0.036	0.041
用水总量	0.016	0.021	0.019	0.017	0.021	0.021	0.016	0.021	0.020	0.019	0.018
耗水量	0.088	0.021	0.019	0.017	0.021	0.021	0.016	0.021	0.020	0.019	0.018
总人口量	0.020	0.025	0.022	0.020	0.025	0.026	0.020	0.026	0.024	0.024	0.023
人口密度	0.016	0.020	0.018	0.016	0.020	0.021	0.016	0.021	0.019	0.019	0.018
人口自然增长率	0.028	0.032	0.030	0.018	0.049	0.046	0.245	0.057	0.082	0.049	0.027
非农人口比例	0.015	0.021	0.029	0.018	0.022	0.030	0.016	0.023	0.022	0.021	0.021
失业率	0.016	0.019	0.015	0.014	0.018	0.019	0.015	0.020	0.018	0.018	0.017
人均居住面积	0.016	0.020	0.016	0.016	0.021	0.020	0.015	0.020	0.019	0.021	0.017
森林覆盖率	0.019	0.023	0.017	0.016	0.020	0.022	0.017	0.021	0.020	0.022	0.019
人均水资源量	0.020	0.025	0.022	0.020	0.025	0.026	0.024	0.025	0.023	0.023	0.022
水资源总量	0.017	0.022	0.019	0.019	0.024	0.024	0.019	0.024	0.023	0.022	0.022
人均农作物播种面积	0.018	0.021	0.021	0.017	0.021	0.021	0.016	0.021	0.020	0.019	0.018
流域面积	0.016	0.021	0.019	0.017	0.021	0.021	0.016	0.021	0.020	0.019	0.018
降水量	0.017	0.018	0.017	0.015	0.018	0.018	0.014	0.021	0.019	0.016	0.017
地表水资源量	0.016	0.021	0.019	0.017	0.021	0.021	0.016	0.021	0.020	0.019	0.018
地下水资源量	0.018	0.021	0.019	0.017	0.021	0.021	0.016	0.021	0.020	0.019	0.018
水资源总量与平均值比较	-0.015	0.019	-0.017	-0.015	-0.019	-0.020	0.016	-0.020	0.018	0.018	-0.017
工业废水处理率	0.015	0.019	0.018	0.015	0.020	0.019	0.015	0.021	0.020	0.018	0.017
工业固体废物综合治理利用率	0.015	0.026	0.022	0.020	0.023	0.023	0.029	0.022	0.021	0.021	0.020

续表

指标	2005 年	2006 年	2007 年	2008 年	2009 年	2010 年	2011 年	2012 年	2013 年	2014 年	2015 年
建成区绿化率	0.014	0.019	0.016	0.015	0.019	0.019	0.014	0.019	0.018	0.018	0.017
城市污水集中处理率	0.015	0.019	0.016	0.014	0.018	0.019	0.015	0.024	0.021	0.021	0.025
水质在三类以上比例	0.015	0.019	0.017	0.015	0.019	0.020	0.015	0.020	0.018	0.018	0.017
人均 GDP	0.022	0.025	0.024	0.020	0.025	0.024	0.019	0.026	0.023	0.025	0.023
第三产业占 GDP 比例	0.014	0.019	0.016	0.015	0.019	0.018	0.014	0.018	0.016	0.016	0.016
普通高等学校科研机构人员	0.037	0.048	0.042	0.041	0.052	0.053	0.036	0.048	0.044	0.045	0.042
城镇居民人均可支配收入	0.017	0.023	0.019	0.017	0.021	0.019	0.016	0.022	0.020	0.019	0.019
农民人均纯收入	0.017	0.020	0.018	0.016	0.020	0.020	0.015	0.020	0.018	0.018	0.017
恩格尔系数（城市）	0.015	0.019	0.017	0.015	0.019	0.020	0.015	0.020	0.018	0.018	0.017
恩格尔系数（农村）	0.099	0.019	0.017	0.016	0.020	0.022	0.015	0.020	0.018	0.018	0.017
全社会货运周转量	0.024	0.028	0.031	0.027	0.033	0.029	0.022	0.027	0.026	0.025	0.026
全社会客运周转量	0.030	0.038	0.037	0.034	0.044	0.044	0.025	0.043	0.040	0.039	0.041

5. 人文因素对生态环境影响结果

根据人文因素对生态环境影响的评价模型 $EIH'' = \sqrt{X''^2 + Y''^2 + Z''^2}$ 计算出不同年间辽河沿岸城市人文因素对生态环境影响指数；根据 $EHI''_{临界值} = \sqrt{X''^2_{临界值} + Y''^2_{临界值} + Z''^2_{临界值}}$ 计算出辽河沿岸城市人文因素对生态环境影响的临界指数。

2005～2015 年人文因素对辽河流域生态环境影响综合指数具体如下：

$$EHI'' = \sqrt{X''^2_{临界值} + Y''^2_{临界值} + Z''^2_{临界值}}$$

2005 年人文因素对辽河流域生态环境影响综合指数如表 5-5 所示。

表 5-5　2005 年人文因素对辽河流域生态环境影响综合指数

	昌图县	开原市	铁岭市区	铁岭县	调兵山市	康平县	法库市	新民市	沈阳市区	辽中县	台安县	盘锦市区	盘山县	大洼县
综合指数	1.568	1.145	4.350	0.819	0.144	0.448	0.418	0.684	0.729	0.335	0.340	1.885	3.726	2.719
与临界值比较	大于	大于	大于	大于	小于	小于	小于	大于	大于	小于	小于	大于	大于	大于
影响状态	影响过度	影响过度	影响过度	影响过度	影响适度	影响适度	影响适度	影响过度	影响过度	影响适度	影响适度	影响过度	影响过度	影响过度

对 2005 年人文因素对辽河流域生态环境影响综合指数做专题图，如图 5-4 所示。

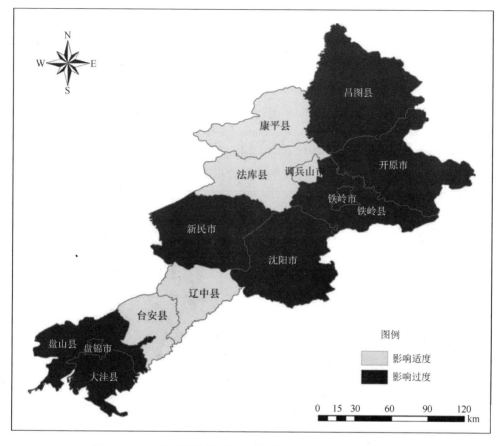

图 5-4　2005 年人文因素对辽河流域生态环境影响空间分布图

2005 年,辽河流域人文因素影响过度的区域主要集中在中上游和下游。在研究的 14 个城市中,有 9 个城市的人为活动已经对研究区域影响过度,即已经超出了生态环境的承载范围,影响过度率过半,达到 64.3%,分别是昌图县、开原市、铁岭市区、铁岭县、新民市、沈阳市区、盘锦市区、盘山县、大洼县。从行政区域来看,主要集中于铁岭市、盘锦市管辖范围,特别是盘锦市,所管辖的盘锦市区、盘山县、大洼县三个城市人文因素对生态环境的影响均已过度;另有 5 个城市人为活动对研究区域影响适度,即均在生态环境可承载范围内,分别是调兵山市、康平县、法库县、辽中县、台安县。

2006 年人文因素对辽河流域生态环境影响综合指数如表 5-6 所示。

表 5-6　2006 年人文因素对辽河流域生态环境影响综合指数

	昌图县	开原市	铁岭市区	铁岭县	调兵山市	康平县	法库县	新民市	沈阳市区	辽中县	台安县	盘锦市区	盘山县	大洼县
综合指数	1.101	0.804	0.059	0.575	0.101	0.514	0.480	0.785	0.837	0.385	0.376	0.430	0.851	0.621
与临界值比较	大于	大于	小于	大于	小于	小于	小于	大于	大于	小于	小于	小于	大于	大于
影响状态	影响过度	影响过度	影响适度	影响过度	影响适度	影响适度	影响适度	影响过度	影响过度	影响适度	影响适度	影响适度	影响过度	影响过度

对 2006 年人文因素对生态环境影响综合指数做专题图，如图 5-5 所示。

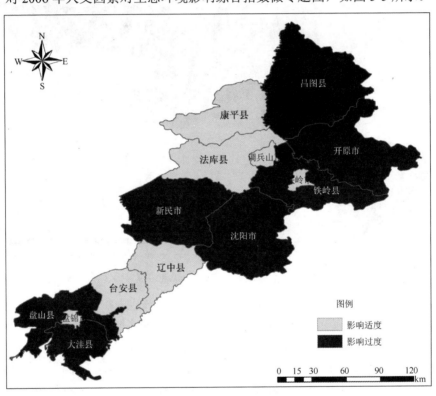

图 5-5　2006 年人文因素对辽河流域生态环境影响空间分布图

2006 年，辽河流域人文因素影响过度的区域主要集中在中上游和下游。在研究的 14 个城市中，有 7 个城市人文因素对区域生态环境的影响过度，超过了生态环境的承载力，相比 2005 年少了两个城市，但是影响过度率仍然很高，为 50%，影响过度的城市分别为昌图县、开原市、铁岭县、新民市、沈阳市区、盘山县、大洼县。从行政区域来看，仍然比较集中于铁岭市、盘锦市管辖范围；另有 7 个城市人文因素对区域生态环境的影响适度，即人类活动在区域生态环境可承载范围内，分别是铁岭市区、调兵山市、康平县、法库县、辽中县、台安县、盘锦市区。

2007 年人文因素对辽河流域生态环境影响综合指数如表 5-7 所示。

表 5-7　2007 年人文因素对辽河流域生态环境影响综合指数

	昌图县	开原市	铁岭市区	铁岭县	调兵山市	康平县	法库县	新民市	沈阳市区	辽中县	台安县	盘锦市区	盘山县	大洼县
综合指数	1.172	1.001	0.271	0.847	0.355	0.534	0.516	0.660	0.682	0.462	0.653	0.689	0.969	0.827
与临界值比较	大于	大于	小于	大于	小于	大于	大于	大于	大于	小于	大于	大于	大于	大于
影响状态	影响过度	影响过度	影响适度	影响过度	影响适度	影响过度	影响过度	影响过度	影响过度	影响适度	影响过度	影响过度	影响过度	影响过度

对 2007 年人文因素对生态环境影响综合指数做专题图，如图 5-6 所示。

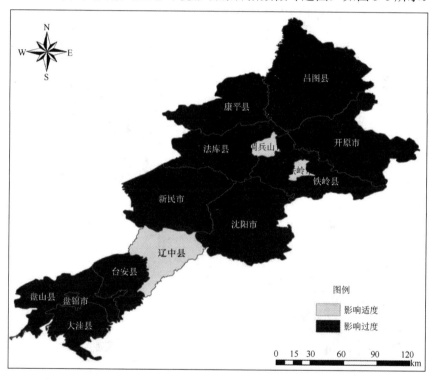

图 5-6　2007 年人文因素对辽河流域生态环境影响空间分布图

2007 年，辽河流域人文因素影响过度的区域范围非常大，几乎遍布全部研究区域。在研究的 14 个城市中有 11 个城市人文因素对生态环境构成威胁，均已超出了区域生态环境的承载力。从研究区域整体来看，人文因素对区域生态环境影响非常严重，影响过度率已经达到 78.6%，影响过度的城市分别为昌图县、开原市、铁岭县、康平县、法库县、新民市、沈阳市区、台安县、盘锦市区、盘山县、大洼县，影响过度的城市遍布研究区域的所有地级市；只有 3 个城市人文因素对生态环境的影响在可承载范围内，分别是铁岭市区、调兵山市、辽中县。

2008 年人文因素对辽河流域生态环境影响综合指数如表 5-8 所示。

表 5-8　2008 年人文因素对辽河流域生态环境影响综合指数

	昌图县	开原市	铁岭市区	铁岭县	调兵山市	康平县	法库县	新民市	沈阳市区	辽中县	台安县	盘锦市区	盘山县	大洼县
综合指数	1.474	1.076	0.079	0.770	0.136	0.326	0.304	0.497	0.530	0.244	0.571	0.534	1.055	0.770
与临界值比较	大于	大于	小于	大于	小于	小于	小于	小于	大于	小于	大于	大于	大于	大于
影响状态	影响过度	影响过度	影响适度	影响过度	影响适度	影响适度	影响适度	影响适度	影响过度	影响适度	影响过度	影响过度	影响过度	影响过度

对 2008 年人文因素对生态环境影响综合指数做专题图，如图 5-7 所示。

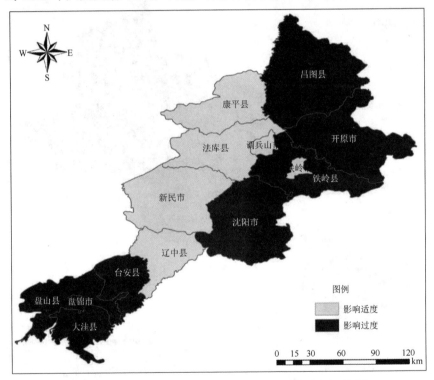

图 5-7　2008 年人文因素对辽河流域生态环境影响空间分布图

2008 年，辽河流域人文因素影响过度的区域主要集中在上游和下游，相比 2007 年有很大好转。在研究的 14 个城市中，有 8 个城市人文因素对生态环境的影响过度，相比 2007 年虽有所好转，但区域内影响过度率仍然过半，达到 57.1%，影响过度的城市分别为昌图县、开原市、铁岭县、沈阳市区、台安县、盘锦市区、盘山县、大洼县，其中盘锦市管辖的三个城市均已影响过度；有 6 个城市人文因素对生态环境的影响为适度，分别是铁岭市区、调兵山市、康平县、法库县、新民市、辽中县，主要集中于沈阳市管辖范围。

2009 年人文因素对辽河流域生态环境影响综合指数如表 5-9 所示。

表 5-9　2009 年人文因素对辽河流域生态环境影响综合指数

	昌图县	开原市	铁岭市区	铁岭县	调兵山市	康平县	法库县	新民市	沈阳市区	辽中县	台安县	盘锦市区	盘山县	大洼县
综合指数	1.178	0.860	0.063	0.615	0.108	0.169	0.158	0.258	0.275	0.126	0.509	0.467	0.924	0.674
与临界值比较	大于	大于	小于	大于	小于	小于	小于	小于	小于	小于	小于	小于	大于	大于
影响状态	影响过度	影响过度	影响适度	影响过度	影响适度	影响适度	影响适度	影响适度	影响适度	影响适度	影响适度	影响适度	影响过度	影响过度

对 2009 年人文因素对生态环境影响综合指数做专题图，如图 5-8 所示。

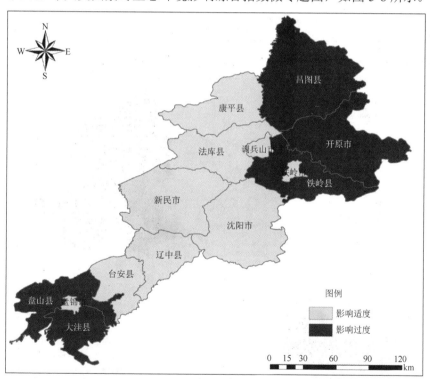

图 5-8　2009 年人文因素对辽河流域生态环境影响空间分布图

2009 年，辽河流域人文因素影响过度的区域主要集中在上游和下游，相比前几年，生态环境状况最好。在研究的 14 个城市中，只有 5 个城市人文因素对生态环境的影响过度，超出了研究区域生态环境承载力，影响过度率为 35.7%，在研究时间尺度内首次低于 50%，为最好状况，影响过度的城市分别为昌图县、开原市、铁岭县、盘山县、大洼县。从行政区域来看，仍然比较集中于铁岭市、盘锦市管辖范围；其余 9 个城市人文因素对生态环境的影响均在可承载范围内，影响适度的城市分别为铁岭市、调兵山市、康平县、法库县、新民市、沈阳市区、辽中县、台安县、盘锦市区，其中沈阳市、鞍山市所管辖的城市均在之内，两地区人文因素对生态环境影响均在可承载范围内。

2010 年人文因素对辽河流域生态环境影响综合指数如表 5-10 所示。

表 5-10　2010 年人文因素对辽河流域生态环境影响综合指数

	昌图县	开原市	铁岭市区	铁岭县	调兵山市	康平县	法库县	新民市	沈阳市区	辽中县	台安县	盘锦市区	盘山县	大洼县
综合指数	1.333	0.973	0.071	0.696	0.123	0.144	0.134	0.219	0.234	0.108	0.565	0.735	1.453	1.060
与临界值比较	大于	大于	小于	大于	小于	小于	小于	小于	小于	小于	大于	大于	大于	大于
影响状态	影响过度	影响过度	影响适度	影响过度	影响适度	影响适度	影响适度	影响适度	影响适度	影响适度	影响过度	影响过度	影响过度	影响过度

对 2010 年人文因素对生态环境影响综合指数做专题图，如图 5-9 所示。

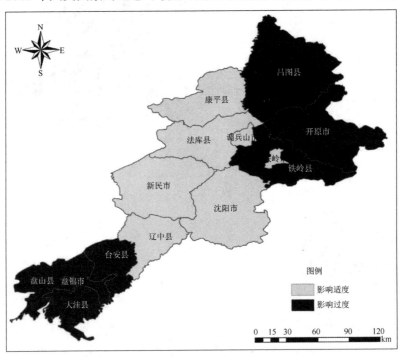

图 5-9　2010 年人文因素对辽河流域生态环境影响空间分布图

2010 年，辽河流域人文因素影响过度的区域主要集中在上游和下游。在研究的 14 个城市中，有一半的城市人文因素对生态环境的影响超出可承载范围，分别是昌图县、开原市、铁岭县、台安县、盘锦市区、盘山县、大洼县，影响过度率为 50%，盘锦市所管辖的 3 个城市和鞍山市所管辖的 1 个城市全部影响过度；另有 7 个城市人文因素对生态环境的影响为适度，分别为铁岭市区、调兵山市、康平县、法库县、新民市、沈阳市区、辽中县，其中沈阳市所管辖的全部城市仍然在其中，生态环境受到的干扰较小。

2011 年人文因素对辽河流域生态环境影响综合指数如表 5-11 所示。

表 5-11　2011 年人文因素对辽河流域生态环境影响综合指数

	昌图县	开原市	铁岭市区	铁岭县	调兵山市	康平县	法库县	新民市	沈阳市区	辽中县	台安县	盘锦市区	盘山县	大洼县
综合指数	0.566	0.413	0.030	0.296	0.052	0.422	0.394	0.644	0.687	0.316	0.210	0.737	1.457	1.063
与临界值比较	大于	小于	小于	小于	小于	小于	小于	大于	大于	小于	小于	大于	大于	大于
影响状态	影响过度	影响适度	影响适度	影响适度	影响适度	影响适度	影响适度	影响过度	影响过度	影响适度	影响适度	影响过度	影响过度	影响过度

对 2011 年人文因素对生态环境影响综合指数做专题图，如图 5-10 所示。

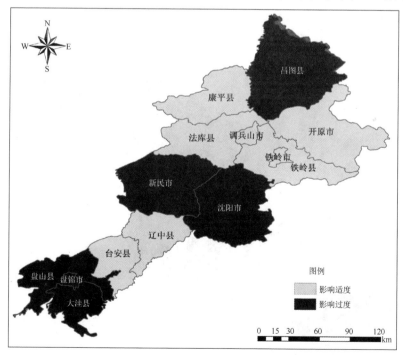

图 5-10　2011 年人文因素对辽河流域生态环境影响空间分布图

2011 年，辽河流域人文因素影响过度的区域主要集中在中游和下游。在研究的 14 个城市中，有 6 个城市人文因素对生态环境的影响处于过度状态，分别是昌图县、新民市、沈阳市区、盘锦市区、盘山县、大洼县,影响过度率为 42.9%,虽不及 2009 年生态环境状况,但总体也属于良好状况。从行政区域来看,其中铁岭市管辖范围生态环境有所好转,盘锦市所管辖 3 个城市人文因素对生态环境的影响仍处于过度状态;另有 8 个城市人文因素对生态环境的影响处于影响适度状态,分别是开原市、铁岭市区、铁岭县、调兵山市、康平县、法库县、辽中县、台安县,鞍山市管辖的台安县生态环境较好。

2012 年人文因素对辽河流域生态环境影响综合指数如表 5-12 所示。

表 5-12　2012 年人文因素对辽河流域生态环境影响综合指数

	昌图县	开原市	铁岭市区	铁岭县	调兵山市	康平县	法库县	新民市	沈阳市区	辽中县	台安县	盘锦市区	盘山县	大洼县
综合指数	0.827	0.604	0.044	0.432	0.076	0.572	0.534	0.873	0.931	0.428	0.461	0.525	1.039	0.758
与临界值比较	大于	大于	小于	小于	小于	大于	大于	大于	大于	小于	小于	大于	大于	大于
影响状态	影响过度	影响过度	影响适度	影响适度	影响适度	影响过度	影响过度	影响过度	影响过度	影响适度	影响适度	影响过度	影响过度	影响过度

对 2012 年人文因素对生态环境影响综合指数做专题图,如图 5-11 所示。

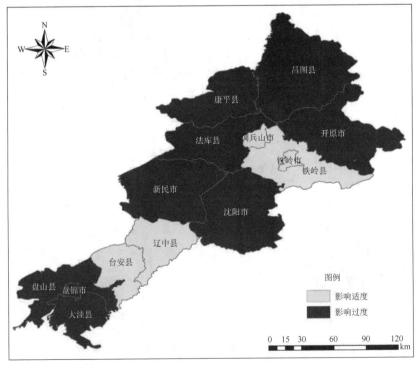

图 5-11　2012 年人文因素对辽河流域生态环境影响空间分布图

　　2012 年，辽河流域人文因素影响过度的区域主要集中在中上游和下游，不及 2009~2011 年生态环境状况。在研究的 14 个城市中，有 9 个城市人文因素对环境的干扰超过了研究区域的承载力，分别是昌图县、开原市、康平县、法库县、新民市、沈阳市区、盘锦市区、盘山县、大洼县，影响过度率为 64.3%。从行政区域来看，主要集中于沈阳市、盘锦市所管辖的区域，其中，盘锦市所管辖的 3 个城市人文因素均对研究区域生态环境影响过度；有 5 个城市人文因素对生态环境的影响为适度状态，分别是铁岭市区、铁岭县、调兵山市、辽中县、台安县，鞍山市所管辖的台安县生态环境状况仍然良好。

　　2013 年人文因素对辽河流域生态环境影响综合指数如表 5-13 所示。

表 5-13　2013 年人文因素对辽河流域生态环境影响综合指数

	昌图县	开原市	铁岭市区	铁岭县	调兵山市	康平县	法库县	新民市	沈阳市区	辽中县	台安县	盘锦市区	盘山县	大洼县
综合指数	0.648	0.473	0.035	0.338	0.060	0.502	0.469	0.766	0.817	0.376	0.373	0.479	0.947	0.691
与临界值比较	大于	小于	小于	小于	小于	小于	小于	大于	大于	小于	小于	小于	大于	大于
影响状态	影响过度	影响适度	影响适度	影响适度	影响适度	影响适度	影响适度	影响过度	影响过度	影响适度	影响适度	影响适度	影响过度	影响过度

　　对 2013 年人文因素对生态环境影响综合指数做专题图，如图 5-12 所示。

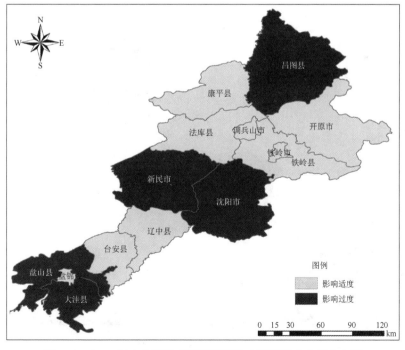

图 5-12　2013 年人文因素对辽河流域生态环境影响空间分布图

　　2013 年，辽河流域人文因素影响过度的区域主要集中在中游和下游，相比2012 年生态环境状况有所好转。研究的 14 个城市中，有 5 个城市人文因素对生态环境的影响处于过度状态，分别是昌图县、新民市、沈阳市区、盘山县、大洼县，影响过度率为 35.7%，为历年最好状况。从行政区域来看，影响过度的城市主要集中于沈阳市、盘锦市，虽然盘锦市仍然是影响过度集中的城市，但是 2013 年只包括其管辖的 2 个城市，分别是盘山县、大洼县；有 9 个城市人文因素对生态环境的影响处于适度状态，即在生态环境可承载的范围内，分别是开原市、铁岭市区、铁岭县、调兵山市、康平县、法库县、辽中县、台安县、盘锦市区，主要集中于铁岭市、鞍山市所管辖范围。

　　2014 年人文因素对辽河流域生态环境影响综合指数如表 5-14 所示。

表 5-14　2014 年人文因素对辽河流域生态环境影响综合指数

	昌图县	开原市	铁岭市区	铁岭县	调兵山市	康平县	法库县	新民市	沈阳市区	辽中县	台安县	盘锦市区	盘山县	大洼县
综合指数	0.703	0.513	0.038	0.367	0.065	0.445	0.415	0.679	0.724	0.333	0.423	0.470	0.930	0.678
与临界值比较	大于	小于	小于	小于	小于	小于	小于	大于	大于	小于	小于	小于	大于	大于
影响状态	影响过度	影响适度	影响适度	影响适度	影响适度	影响适度	影响适度	影响过度	影响过度	影响适度	影响适度	影响适度	影响过度	影响过度

　　对 2014 年人文因素对生态环境影响综合指数做专题图，如图 5-13 所示。

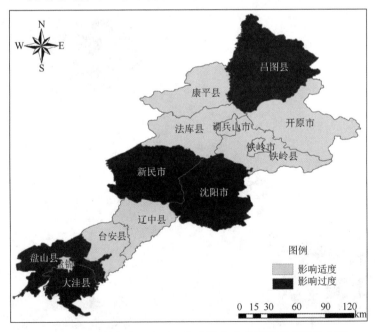

图 5-13　2014 年人文因素对辽河流域生态环境影响空间分布图

　　2014 年，辽河流域人文因素影响过度的区域主要集中在中游和下游。研究的 14 个城市中，有 5 个城市人文因素对生态环境的影响超出区域生态环境承载力，与 2013 年状况相同，分别是昌图县、新民市、沈阳市区、盘山县、大洼县；影响过度率为 35.7%，为历年最好状况，仍然主要集中于盘锦市；有 9 个城市人文因素对生态环境的影响在区域生态环境承载范围之内，分别是开原市、铁岭市区、铁岭县、调兵山市、康平县、法库县、辽中县、台安县、盘锦市区，主要集中于铁岭市管辖范围，其次集中于沈阳市管辖范围。

　　2015 年人文因素对辽河流域生态环境影响综合指数如表 5-15 所示。

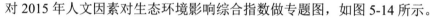

表 5-15　2015 年人文因素对辽河流域生态环境影响综合指数

	昌图县	开原市	铁岭市区	铁岭县	调兵山市	康平县	法库县	新民市	沈阳市区	辽中县	台安县	盘锦市区	盘山县	大洼县
综合指数	0.632	0.461	0.034	0.330	0.058	0.459	0.429	0.701	0.748	0.344	0.380	0.765	1.512	1.104
与临界值比较	大于	小于	小于	小于	小于	小于	小于	大于	大于	小于	小于	大于	大于	大于
影响状态	影响过度	影响适度	影响适度	影响适度	影响适度	影响适度	影响适度	影响过度	影响过度	影响适度	影响适度	影响过度	影响过度	影响过度

　　对 2015 年人文因素对生态环境影响综合指数做专题图，如图 5-14 所示。

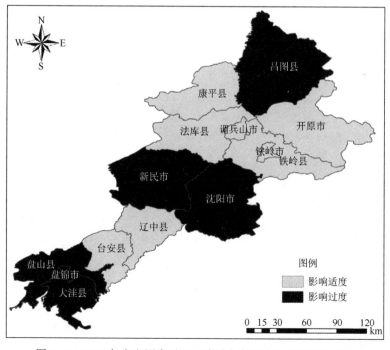

图 5-14　2015 年人文因素对辽河流域生态环境影响空间分布图

2015 年，辽河流域人文因素影响过度的区域主要集中在中游和下游。在研究的 14 个城市中，有 6 个城市人文因素对生态环境的影响处于过度状态，相比 2014 年增加了盘锦市区，影响过度的城市分别是昌图县、新民市、沈阳市区、盘锦市区、盘山县、大洼县，影响过度率为 42.9%。从历年来看，人文因素对生态环境的影响属于较好状态，盘锦市所管辖的 3 个城市又一次位于其列；有 8 个城市人文因素对生态环境的影响处于适度状态，分别是开原市、铁岭市区、铁岭县、调兵山市、康平县、法库县、辽中县、台安县，主要集中于铁岭市管辖的范围，鞍山市管辖的台安县也位于其列。

6. 评价结果分析

1）时间演变分析

根据 2005～2015 年各地区人文因素对生态环境影响综合指数以及临界状态下综合指数可知：

（1）在研究 2005～2015 年各地区综合指数中，绝大部分分布在临界值左右，变化趋势较稳定。其基本趋势为先呈下降趋势，而后出现一个峰值，中间段过渡比较平稳，最后也呈现一个峰值，但后者略高于前者，而且后者均高于临界值，中间段变化比较平缓，最接近临界值。从出现的峰值可以判断昌图县、开原市、铁岭县、沈阳市区、盘山县等地区人文因素对流域内生态环境影响非常大。

（2）2005 年综合指数变化幅度最大，铁岭市区、盘山县人文因素对流域内生态环境影响明显高于其他城市。

（3）2014 年综合指数变化为历年来变化幅度最小的一年，其变化趋势符合总体变化趋势，各地区综合指数最为接近临界值。

（4）比较历年来各地区综合指数大小，最小值出现在 2011 年铁岭市区，最大值出现在 2005 年铁岭市区。

2）空间演变分析

从 2005～2015 年人文因素对生态环境影响专题图中总体可以看出，人文因素影响最强烈的区域主要集中于辽河干流中上游及下游。从各城市的视角来看，在研究的 11 年中，每个城市在历年里都会有各自的人文因素对生态环境影响的情况，每个城市在研究的时间尺度内，人文因素对流域生态环境影响过度，即该地区生态环境面对人类活动的影响已经超载。统计每个地区在研究时间尺度内人文因素影响过度所占比为该地区超载率，按照不同地区，绘制图 5-15，在研究的 14 个城市中，可以得出：

（1）研究的 14 个城市均位于辽宁省辽河段，总面积为 28 696.56 km^2，自然环境相差无几，但是在 2005～2015 年，14 个城市人文因素对该流域生态环境的影响却截然不同。可以进一步印证，对于生态环境的影响很小部分来自于自然环境自身的变化，很大程度上取决于人为活动。

（2）从图 5-15 总体趋势来看，超过平均地区超载率的城市数量略多于没有超过平均地区超载率的城市数量，超过平均地区超载率的城市共 8 个，分别是昌图县、开原市、铁岭县、新民市区、沈阳市区、盘锦市区、盘山县、大洼县，其中，盘山县在 14 个城市中人均 GDP 每年均居于首位，沈阳市区、大洼县人均 GDP 也位于前列，高速的经济发展一定程度上给该地区生态环境造成极大干扰；没有超过平均地区超载率的城市共 6 个，分别是铁岭市区、调兵山市、康平县、法库县、辽中县、台安县，相应地区大都为经济相对落后区。

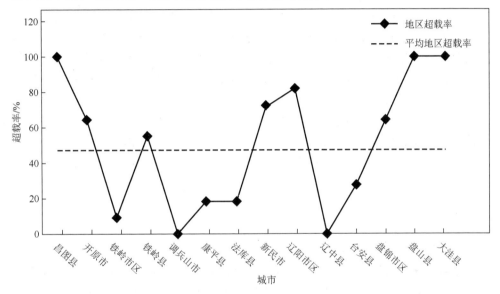

图 5-15　人文因素对辽河流域生态环境影响空间演变图

（3）在研究的 14 个城市中，城市之间人文因素对生态环境影响状况相差甚远，不同地区超载率范围在 0~100%，跨度非常大，平均地区超载率为 46.8%。生态环境良好、人类活动对其影响适度的城市为调兵山市、辽中县，在研究的时间尺度内，调兵山市与辽中县地区超载率均为 0，人文因素对其区域内生态环境影响均为适度，无一年影响过度，在生态环境可承载范围内；而昌图县、盘山县、大洼县地区超载率均为 100%，人文因素对其区域内生态环境的影响均为过度，无一年为影响适度或影响临界状态，人类活动已经严重超过该地区生态环境的承载力。

（4）若以地级市管辖范围分组来看，人文因素综合指数在铁岭市、沈阳市管辖范围内变动较大，铁岭市管辖的 5 个城市中，3 个城市超载率较高，分别是昌图县、开原市、铁岭县，2 个城市超载率较低，分别是铁岭市区、调兵山市；沈阳市所管辖的 5 个城市中，2 个城市超载率较高，分别是新民市、沈阳市区，3

个城市超载率较低，分别是康平县、法库县、辽中县；鞍山市所管辖的 1 个城市
——台安县，城市超载率较低，低于平均地区超载率；盘锦市所管辖的 3 个城市
中，地区超载率最高，均已远远超过平均地区超载率，甚至有两个城市（盘山县、
大洼县）地区超载率达 100%。

3）相关建议

（1）促进经济转型，减少一次能源的使用。东北地区经济发展对一次能源特
别是化石燃料依赖较大，辽河流域沿岸城市也不例外，而对于一次能源的开采，
势必造成环境的破坏，使用化石燃料排放的废渣、废气等，都是破坏生态环境的
罪魁祸首。应紧抓住"十三五"东北新一轮振兴的机会，尽量转变资源消耗模式。

（2）积极发挥政府督导作用。在经济利益的诱惑下，一些环境保护政策往往
不能落实，环境保护措施不能及时实施。李克强总理强调"好政策千条万条不落
实等于白条"，在环保工作中，政府的督促也是举足轻重的环节，要确保每一条环
保政策能够落到实处。

（3）加强公民环境保护意识。随着人民生活水平的提高、生活质量的增强，
生活排放的废物也与日俱增，生活垃圾的排放亦对生态环境造成不小的压力，环
境保护不仅是工厂、企业、政府等部门的职责，更是每个公民应履行的义务，因
此，应该加强公民环境保护意识，人人为环境保护做贡献。

5.3 小   结

本章首先利用环境指标 P-S-R 模型综合评价分析了我国沿海地区人文因素影
响，表明我国沿海生态安全时空差异主要表现在工业发展、经济技术水平与政府
行为等人文活动方面。再借鉴面板数据对我国沿海地区人文因素影响进行分析，
分析得出沿海地区生态安全与人口增长呈现负相关关系，导致人口、资源与环境
之间矛盾日趋尖锐，地区生态承载力降低，生态环境日趋退化，同时人口对各经
济区生态安全影响程度具有差异性。研究还显示，发展海洋产业对沿海大部分经
济区生态安全具有正向影响，只有海峡西岸经济区呈现负相关关系。之后，本节
介绍了人文因素对生态环境影响的定量评价方法，并利用该方法分析了 2005～
2015 年辽河流域人文因素对生态环境的影响。结果表明，人文因素影响最强烈的
区域主要集中于辽河干流中上游及下游，研究的 14 个城市均位于辽宁省辽河段，
自然环境相差无几，在这 11 年里，14 个城市人文因素对该流域生态环境的影响
却大不相同。可进一步印证，对于生态环境的影响很小部分来自于自然环境自身
的变化，很大程度上取决于人为活动。

第6章 辽宁沿海生态安全系统动力学仿真与协调度评价

6.1 基于人海关系的辽宁海岸带生态安全时空差异

6.1.1 辽宁海岸带生态安全实证评价研究

6.1.1.1 研究区概况

辽宁海岸带又称为辽宁沿海经济带,位于我国东北地区,是我国北方地区中发展基础较好的区域,包括大连市、丹东市、锦州市、营口市、盘锦市、葫芦岛市6个地级市(图6-1)。辽宁海岸带的建设始于"五点一线"战略(闫世忠等,2009)。2005 年,辽宁省为贯彻实施中央振兴东北老工业基地的经济发展战略,提出了以"五点一线"为代表的战略决策。2009 年 7 月 1 日,国务院讨论并批准了《辽宁沿海经济带发展规划》,标志着辽宁海岸带发展规划被成功纳入国家性的发展战略中,其规划期为2009 年至 2020 年。

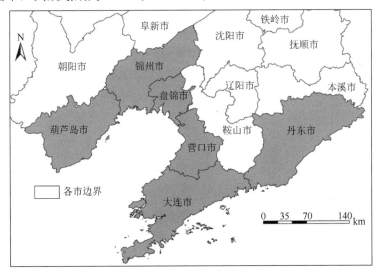

图 6-1 辽宁海岸带研究区示意图

因此,研究区研究范围内的评价单元可以确定为大连市、丹东市、锦州市、营口市、盘锦市、葫芦岛市,共计 6 个评价单元。

1. 自然概况

（1）地理位置。辽宁省位于我国的东北地区，是我国东北地区唯一的沿海省份，地理坐标为 118°53′E～125°46′E、38°43′N～43°26′N。研究区位于辽宁省南部，包括大连市、丹东市、锦州市、营口市、盘锦市、葫芦岛市 6 个地级市，毗邻渤海、黄海，陆地面积为 5.65 万 km^2，海岸线长 2920 km，海域面积约 6.8 万 km^2。

（2）气候条件。辽宁海岸带地区属于中纬度地区，处于欧亚大陆东岸，属于典型的温带季风气候区。雨热同期，四季分明，夏季高温多雨，冬季低温少雨，季风气候显著。年平均降水量为 500～970 mm，降水主要集中在 7、8 月份，占全年降水量的 60%左右。年日照时数在 2100～2900 h，平均无霜期为 180～200 天。

（3）地势地貌。辽宁省地势呈现北高南低的趋势，由陆地向海洋倾斜，东西两侧为山地和丘陵，地貌可划分为东部辽东半岛岸段、西部辽西丘陵山地岸段和中部辽河平原岸段三大区域。研究区地貌以丘陵和平原为主。研究区东侧为鸭绿江平原，中部为辽河河口平原，西侧为海滨平原，又称"辽西走廊"。

（4）水文条件。研究区水资源十分丰富，水资源量约占全省总量的 52.8%（盖美等，2006）。水资源的年际和年内变化均较大，分布不均。研究区内河流主要有辽河、大凌河、小凌河、双台子河、碧流河、鸭绿江等，研究区内河流全部注入渤海和黄海，其中辽河为辽宁省第一大河。湖泊水库主要有土门水库、铁甲水库、石门水库、英那河水库、碧流河水库等。研究区海域面积辽阔，毗邻渤海、黄海，其中渤海是中国最大的内海。陆地海岸带呈 Z 字形，长 2292.4 km，居全国第五位。

（5）资源状况。辽宁海岸带地区的土壤类型较多，包括 6 类以及 20 个亚类和65 个土种。研究区处于环太平洋成矿北缘，矿产资源种类多样，储量较大，目前已发现各类矿产 100 余种，主要有石油、天然气、煤矿、铁矿等。森林面积广大，属于温带阔叶林，植被以华北植物区系为主，受社会经济发展影响，原始植被较少，大多植被为受人类影响较大的次生植被。海洋生物资源十分丰富，种类繁多，包括 3 大类 520 余种，主要有海参、鲍鱼、牡蛎、扇贝、对虾、海胆、鲅鱼等。

2. 人文概况

（1）政治。辽宁海岸带在行政区划上属辽宁省所辖，包括大连市、丹东市、营口市、盘锦市、锦州市和葫芦岛市。其中丹东市是我国海岸线的北端起点，是全国最大的边境城市，与朝鲜隔鸭绿江相望；大连市是副省级城市，是全国著名的旅游城市，国际化程度高，有"东北之窗""浪漫之都"之称；营口市地处大辽河入海口，是全国首批沿海开放城市，是东北第二大港；盘锦市于 1984 年 6 月脱离营口市建市（山东省地图出版社，2011），是中国最大的稠油、超稠油、高凝油生产基地——辽河油田总部所在地；锦州市位于"辽西走廊"东部，历史悠久，资源丰富；葫芦岛市于 1989 年建市，原名锦西，为山海关外第一市，北京的后花园。

（2）人口。2014 年年末，辽宁省海岸带地区总人口达到 1782.3 万人，比 2013 年年末增加了 4.0 万人，占全省总人口的 41.99%。辽宁省除汉族外，少数民族人口众多，包括 43 个少数民族，如回族、满族、蒙古族、朝鲜族等。研究区整体人口密度较大。

（3）经济。2014 年辽宁海岸带地区全年生产总值为 13 614.7 亿元，比 2013 年下降了 0.93%，占辽宁省全年生产总值的 47.56%。研究区的农业生产较为发达，是著名的温带水果产地、芦苇产区、全国四大海盐产区之一（成都地图出版社，2010）。研究区内的工业基础雄厚，装备制造业、石油化学工业、冶金、电子信息等较为发达，在全国占有重要地位。研究区旅游行业发展迅猛，以大连市为代表，旅游资源丰富，依托沿海地理环境优势，开发了大量旅游景点，建设相关旅游设施，带动服务业等相关行业发展。

（4）交通运输。研究区交通运输方式灵活多样，形成了四通八达的立体交通网。辽宁省的铁路密度居全国第一，其里程数为 3939 km。该研究区作为辽宁省的经济较发达地区，铁路公路线密集。该地区历史上水路运输就较为发达，辽河、鸭绿江等河流运输量大。海岸线狭长，分布有众多优良港湾，已形成以大连港为中心，以丹东、营口、锦州港为两翼，同国内诸港口以及世界 5 大洲 70 多个国家和地区 140 多个港口通航。机场主要有大连周水子机场、丹东浪头机场、锦州小岭子机场、营口兰旗机场、长海机场、锦州湾国际机场，还有在建的大连金州湾国际机场，主要航线有 100 多条。

6.1.1.2　基于人海关系的生态安全评价

1. 人海关系研究视角

人地关系一直以来都是地理学研究中的焦点（韩增林等，2007）。人地关系从广义上看包括人类活动与陆地环境的相互关系和人类活动与海洋环境的相互关系。近年来，人类生产生活活动对于海洋环境的影响范围和程度越来越大。在这种背景条件下，"人海关系"与"生态安全"这两个领域产生"交集"。本节尝试对人海关系在海岸带生态安全中产生的影响进行初步探讨。在此关系中，一方面表现出人类生产生活活动对海洋环境变化的干预，另一方面反映出海洋对于人类发展的影响。因此人海关系是人类活动与海洋环境相互影响、制约的关系，形成了复杂的人海关系地域系统。在大量的人地关系研究过程中，突出人海关系的研究较少，但目前海岸带开发进程过快，人类的生产生活活动与海洋生态环境关系紧张。我国人海关系的研究大约集中于三个区域：环渤海地区、长江三角洲地区和珠江三角洲地区。本节研究区位于环渤海地区，近些年发展迅猛，为实现人与海洋和谐相处，人海关系的讨论对于海岸带地区生态安全的影响研究是十分必要的。

2. 指标体系建立

1）评价指标体系构建原则

为全面科学地对海岸带进行生态安全评价，要构建科学化、规范化的评价指标体系，需要遵循一些基本原则（李华生等，2005；许文来等，2007）。

（1）科学性原则。科学性是建立评价指标体系的基础性原则，也是选取指标的基础。要有明确的概念，既能真实地反映各指标之间的实际关系，又能清晰明确地体现出评价结果，使结果客观有效。

（2）概括性原则。影响生态安全的因素众多，包括自然、社会、经济等诸多方面，在选取指标时要考虑各个方面，以综合评级分析生态安全的等级状况。如果面面俱到会在评价过程中忽略主导因素的作用，并且使评价过程变得复杂；而如果单单局限于某一领域，也无法概括、整体地反映出真实的生态安全状态。因此，在指标的选取过程中，要概括各个相关领域，使各个指标既相互独立，又彼此联系，进行整体评价。

（3）可操控性原则，又称实用性原则。评价指标体系中选取的指标应便于量化、计算度量和计算方法一致统一，各指标尽量简单明了，选取可通过统计资料或相关政府部门易获取的指标，各个指标应该具有较强的实用性。

（4）综合性原则。在相应的指标评价层次上，需要全面考虑影响自然、经济、社会系统的诸多因素，并进行综合分析和评价，以体现各方面的状况。

2）基于人海关系的指标体系构建

生态系统是由多种因素相互作用而组成的复杂系统，在研究生态安全演变过程中，相关专家学者设计了诸多评价指标，分析了大量的相关影响因素。本节基于人海关系，突出人类生产生活活动与海洋生态环境的相互关系，因此在指标的选取中应考虑人海之间的相互作用，多选择与此相关的指标数据，以符合研究目的。

通过对人海关系相关概念和理论的分析，借鉴相关专家学者的研究成果，将人海关系系统分为两大子系统（表6-1）。其中，海洋地质地貌、海洋气象气候和海洋水文属于海洋生态环境子系统中的三个基本的非生命因素；海洋生物是该系统中主要的生产力来源；海洋矿产、海水化学资源和海洋能属于前三种基本因素派生而来的。人口是人类社会经济子系统内的主体；技术、资金和信息是系统中的基础因素，是人口将这些基础因素转换为现实的生产力；制度和管理在推动人海关系和谐发展中起到不可或缺的控制、协调作用。这些相关因素之间进行着非线性复杂相互作用，从而决定了系统整体的结构和功能。相关因素间的紧密联系是人海关系相互作用的基础和保证。因此，整合人海关系系统组成因素与相关生态安全评价分析方法，考虑相关因素的可获取性和可操控性，通过自然资源开发、人类活动对海岸带生态系统影响的表现、人口增长、城市化和工业化对海岸带生态环境的压力、技术水平和政府干预等方面分别研究各类因素对海岸带生态安全的影响机制与耦合关系，探究在各类因素影响下，人类生活安全（P）、资源安全（R）、环境安全（E）和社会经济安全（SE）的演变趋势，总结生态安全状态随着时间演变的不同阶段特点与规律，总结其生态安全特征，为海岸带生态安全评价、预警和调控研究提供理论基础。为分析海岸带地区生态安全状况，参考人海地域系统耦合过程，提出基于人海关系的 P-R-E-SE 模型。

表 6-1　人海关系系统组成因素

海洋生态环境子系统	人类社会经济子系统
海洋地质地貌	人口
海洋气象气候	技术、资金、信息
海洋水文	制度、管理
海洋生物	
海洋矿产	
海水化学资源	
海洋能	

　　人口（people），指人类生活安全，即人类数量压力对生态系统影响的表现，突出人口数量给海岸带地区的开发利用带来的压力；资源（research），指资源安全，生态系统中各种资源的表现状况，即其承载能力的表现，突出人类在资源开发利用方面对海岸带生态安全的影响；环境（environment），指环境安全，表现生态系统中的环境容量，突出人类活动导致的海岸带生态环境变化；社会经济（society economy），指社会经济安全，即社会经济状况对生态系统安全的影响表现，突出人类社会经济发展对于海岸带生态安全的影响。该指标体系主要分为四类指标：人口指标、资源指标、环境指标和社会经济指标。研究区生态安全时空差异研究运用 P-R-E-SE 模型，参照权威评价方法，为使选取的指标具有可操控性，突出人类活动对海岸带生态环境的影响，选择了 8 个人口指标要素、9 个资源指标要素、9 个环境指标要素、9 个社会经济指标要素，共计 35 个指标（表 6-2）。

表 6-2　指标体系中的各指标解释

指标代号	指标名称	指标解释	指标特征
P1	人口总数	人口总数又称总人口数，是指一定时间、一定地域范围内所有的有生命活动的个人的总和。生态安全状况与人口多少有密切关系，过多的人口会给生态环境带来比较重的负担。	负
P2	人口自然增长率	人口自然增长率为一定时期内人口自然增长数与该时期内平均人口数之比。一般以年为计算单位，用千分比来表示。人口自然增长率与生态安全关系密切，过快增长或负增长均不正常。	负

续表

指标代号	指标名称	指标解释	指标特征
P3	人口密度	人口密度是指单位面积（每平方公里）土地上居住的人口数量，表示该区域人口的密集程度。生态系统有一定的人口合理容量，此数值过大势必会对环境造成压力。	负
P4	国内旅游人次	国内旅游人次指该地区一年内接待的国人旅游总人次，以人为单位。游客过多，景区拥挤污染加重，导致环境负荷大，尤其是沿海景区，生态脆弱。	负
P5	入境旅游人次	入境旅游人次指在一年内持有外国护照的旅游签证游客进入该地区次数总和，以人为单位。通常，入境旅游在交通、餐饮、住宿等诸多方面比国内旅游消费大，人次增加，污染加重，导致环境负荷大。	负
P6	教师人员在总人口中的比例	教师人员在总人口中的比例=当年该地区的各级教师数量之和/当年地区总人口×100%。教师是生态可持续发展的传播者、倡导者和模范践行者，其所占比例越高，对国民素质的提高影响越大，越有利于地区生态保护和发展。	正
P7	科技人员在总人口中的比例	科技人员在总人口中的比例=当年该地区的专业技术人员/当年地区总人口×100%。科技人员代表先进生产力的高素质人员，其所占比例提高，有利于科学研究，实现生态系统可持续发展。	正
P8	医疗卫生人员在总人口中的比例	医疗卫生人员在总人口中的比例=当年该地区的医疗卫生技术人员/当年地区总人口×100%。医疗卫生人员是与各类疾病疫情抗争的白衣战士，是人类健康的守护神，其比例高低，直接影响人类生命健康安全。	正
R1	水资源总量	水资源总量指某地区在一年内降水所形成的地表和地下的总产水量，单位为万立方米。水资源对于维护生态安全，尤其是海岸带地区的生态环境安全是十分重要的，只有水资源总量充足，才能保证生态系统安全和生物群落的正常发展。	正
R2	农作物播种面积	农作物播种面积指实际播种或移植农作物的面积，以公顷为单位。无论是种植在耕地上还是非耕地上，只要是实际种植农作物的面积，均算作农作物播种面积。农作物产量高，但生物种类多样性大大降低，食物链结构简化，稳定性减弱。	负
R3	年降水量	年降水量指一年中每月降水量的平均值的总和。降水量通常用专业仪器测定，单位是毫米。液态水是地球上生命出现的必要条件，降水量对于生物体意义重大，降水量不足将严重影响地区生态系统的稳定与功能。	正
R4	自然保护区面积	自然保护区面积指该区域该年度市级、省级、国家级各类自然保护区的面积之和，通常单位是公顷。自然保护区能够保护自然本底，拯救濒危物种，开辟实验保护基地，拥有丰富的美学价值。总之，其对保护区域生态环境，促进生态系统可持续发展作用重大，意义重大。	正
R5	造林面积	造林面积指一年内在荒山、荒地沙丘等一切可以造林的土地上，采用人工播种、植苗、飞机播种等方法种植成片乔木林和灌木林，经过检查验收符合相关法律法规，成活率达到85%及以上的面积。其单位为千公顷。	正
R6	人均公园绿地面积	人均公园绿地面积指地区公园绿地面积与地区人口数量的比，单位是平方米/人，具有美化环境、防灾减灾等作用的绿化用地，是展示地区整体水平的重要指标之一。	正
R7	年平均相对湿度	年平均相对湿度指该地区各月空气相对湿度的平均值，用百分数来表示。空气相对湿度表示空气中的水汽含量，与平均气温呈负相关。其在生态学、气象学、生物学、水文学中是非常重要的量，在工农业生产中具有重要意义。该指标数值较大，表示空气较湿润。	正

指标代号	指标名称	指标解释	指标特征
R8	森林覆盖率	森林覆盖率=该地区当年森林面积/土地总面积×100%。它反映森林资源的丰富程度和地区绿化程度，是生态平衡状况的重要标准，也是对森林开发利用和相关经营进行规划的重要依据之一。	正
R9	人均日生活用水量	人均日生活用水量指每一用水人口平均每天的生活用水量。计算公式为：人均日生活用水量=某时期生活用水量/（该时期用水人数×该时期日历天数）×1000，单位是［升/（人·天）］。人类日常生活中对水资源的消耗利用在消耗总量中占有重要地位，指标数据越大，表示人类生活对水资源的消耗越严重。	负
E1	工业固废年产量	工业固废年产量指该年度工业生产活动中产生的固体废物量，通常以万吨为单位。通常分为一般工业废物和工业危险固体废物。其具体种类较多，组成成分复杂，达标处理困难。	负
E2	工业危险固废年产量	工业危险固废年产量指该年度工业生产活动中产生的危险固体废弃物量，通常以万吨为单位。危险固体废弃物具有急性毒性、放射性、浸出毒性、反应性、腐蚀性、易燃性等特性。此数据越大，对环境污染威胁越大。	负
E3	赤潮面积	赤潮，又称红潮，赤潮面积是指一年内该地区近海海面爆发历次赤潮最大受灾面积之和，单位是平方公里。它是一种有害的生态现象。此面积越大，对海水污染程度越大，对生态安全的威胁也就越大。	负
E4	工业废水排放总量	工业废水排放总量指一年内，在工业生产过程中产生的废水、污水和废液总量，通常以万吨为单位。由于工业化的不断发展，工业废水的组成成分和总量快速增加，对水质的污染范围也随之增加，对人类健康和生态安全的威胁也越来越大。	负
E5	生活污水排放总量	生活污水排放总量是指一定时期内（通常是一年），人类生活过程中产生的污水总量，通常以万吨为单位。生活污水为水体的主要污染源之一，其中含有大量有机物，在厌氧细菌的作用下，较易产生恶臭物质。过量的不达标排放对海洋水质有很大威胁。	负
E6	工业废气排放总量	工业废气排放总量指该年度工厂内燃料燃烧和生产过程中所产生的排入大气的各种含有污染物气体的总量，单位为吨。成分复杂，不同的成分含量产生的影响不同。除直接、间接影响人类、动植物外，还对气象气候有一定的影响。	负
E7	工业二氧化硫排放量	工业二氧化硫排放量指一年内工业生产中产生的排放到环境中的二氧化硫气体总量，以吨为单位。二氧化硫是最常见的硫氧化物，在常温下为无色有刺激性气味的有毒气体，密度为2.551g/L，易液化。因为其易溶于水中，能够形成亚硫酸，通常在催化剂如二氧化氮的存在下，会进一步氧化生成硫酸，所以二氧化硫是酸雨形成的重要条件，是影响生态环境的重要因素，备受关注。	负
E8	工业废水排放达标率	工业废水排放达标率指工业废水排放达标量与工业废水排放总量的百分比。工业废水的达标排放是维护健康水质的重要条件之一，是保护生态环境的重要影响因素。该指标提高，有利于减少对水资源的污染，维护整体生态系统安全。	正
E9	工业烟粉尘排放量	工业烟粉尘排放量指企业在生产工艺过程中排放的颗粒物重量，单位为吨。其重量越大，表示排放的粉尘越多，对空气质量的污染程度越大，严重威胁生态环境安全。	负
SE1	国内生产总值指数	国内生产总值指数指反映一定时期内国内生产总值变动趋势和程度的相对指数。计算方法是以上一年为基期的国内生产总值指数（上年=100）。该指标值越大，代表生产活动对于生态环境的压力越大。	负

指标代号	指标名称	指标解释	指标特征
SE2	人均 GDP	人均 GDP，即人均国内生产总值，人均 GDP=当年地区 GDP 总量/当年地区总人口，单位是万元/人。此指标是衡量该地区人民生活水准的重要参照指标之一，较为客观地反映了区域的社会发展水平。提高人均 GDP，有利于促进社会的和谐发展。	正
SE3	单位面积粮食产量	单位面积粮食产量是指在粮食作物实际占用的耕地面积上，平均每公顷耕地全年所生产的粮食总量。计算公式为：单位面积粮食产量=全年粮食总产量/粮食作物播种面积，单位为吨/公顷。该指标直接反映农业的生产力水平，是衡量系统结构与功能是否合理、农业生物群体与环境协调与否的指标，也是反映人类管理土地生态系统水平高低、衡量自然资源与社会资源被利用和转化为产品的效果的指标。	正
SE4	非第二产业产值比例	非第二产业产值比例是指第一产业和第三产业的产值之和在三大产业总值中的百分比。在生产过程中，第一、三产业对生态环境的污染与破坏远小于第二产业，非第二产业比例越大，对生态环境的破坏越小。	正
SE5	各项税收总额	各项税收总额指当年该地区政府各类税收收入之和，以万元为单位。税收是政府取得财政收入的主要方式，各项税收总额的多少直接决定和影响社会生态建设方面的投入方向、投入能力与投入水平。	正
SE6	科技支出在财政支出中的比例	科技支出在财政支出中的比例=科技支出/地方财政一般预算支出×100%，充足的科研经费是开展生态环境安全研究的保障，也体现当地政府对科研的重视程度。	正
SE7	教育支出在财政支出中的比例	教育支出在财政支出中的比例=教育支出/地方财政一般预算支出×100%，教育是社会发展中的重要部分，是和谐发展中提高人民保护环境意识和能力的关键。重视教育部分的支出，将有利于和谐社会的建设。	正
SE8	医疗卫生支出在财政支出中的比例	医疗卫生支出在财政支出比例=医疗卫生支出/地方财政一般预算支出×100%，该指标的提高，有利于改善医疗卫生条件，提高公民身体素质，减少疾病流行与病原体传播，有利于改善人民健康环境。	正
SE9	环境污染治理投资在财政投资中的比例	环境污染治理投资在财政投资中的比例=环境污染治理本年完成投资总额/地方财政一般预算支出×100%。该指标反映了地方政府对环境保护的重视程度，对环境污染的治理力度，其比例的提升有利于改善生态环境污染，保护生态。	正

3. 数据收集与处理

1）数据来源

在指标的选取过程中，按照评价指标体系的构建原则，应尽量选取相关部门公开发布的指标数据，从而保证指标数据的可获得性和客观性，其中部分指标是由相关指标计算而得到的。指标原始数据主要来源于 2001 年以来的《辽宁省统计年鉴》及各相关地市统计年鉴、《中国海洋统计年鉴》《辽宁水资源年鉴》《辽宁省水资源公报》《辽宁省国民经济和社会发展统计公报》及各相关地市统计公报等。

2）确定序列

对于 2001 年的研究区生态安全序列组（X_{ij}），设研究区有 m 个评价单元，选取 n 个相关指标因素，建立 2001 年的研究区生态安全指标原始矩阵：

$$X_{ij} = \begin{bmatrix} X_{11} & X_{12} & \cdots & X_{1n} \\ X_{21} & X_{22} & \cdots & X_{2n} \\ \vdots & \vdots & \ddots & \vdots \\ X_{m1} & X_{m2} & \cdots & X_{mn} \end{bmatrix} \qquad (6\text{-}1)$$

式中，X_{ij} 为第 i 个评价指标在第 j 个评价单元中的特征值。

同理，建立 2002~2014 年研究区的生态安全序列组。

对于研究区中的大连市生态安全演变序列组（Y_{ij}），设大连市取 m 个年份，选取 n 个相关指标因素，建立大连市 2001~2014 年的生态安全指标原始矩阵：

$$Y_{ij} = \begin{bmatrix} Y_{11} & Y_{12} & \cdots & Y_{1n} \\ Y_{21} & Y_{22} & \cdots & Y_{2n} \\ \vdots & \vdots & \ddots & \vdots \\ Y_{m1} & Y_{m2} & \cdots & Y_{mn} \end{bmatrix} \qquad (6\text{-}2)$$

式中，Y_{ij} 为第 i 个评价指标在第 j 个评价单元中的特征值。

同理，构建研究区内的丹东、锦州等市 2001~2014 年生态安全演变序列组。

3）指标数据标准化

由于选取的相关指标原始指标数据的数量级不尽相同，为准确地反映各指标的影响程度，需要先对原始指标数据进行标准化处理。常见的标准化方法有模糊隶属度函数法、综合标准化法、标准差标准化法、极大值标准化法、极差标准化法等（杨小鹏，2007；徐建华，2002），本节利用极差标准化法对原始指标数据进行如下处理：

$$正相关指标：Z_{ij} = \frac{X_{ij\max} - X_{ij}}{X_{ij\max} - X_{ij\min}} \qquad (6\text{-}3)$$

$$负相关指标：Z_{ij} = \frac{X_{ij} - X_{ij\min}}{X_{ij\max} - X_{ij\min}} \qquad (6\text{-}4)$$

式中，$X_{ij\max}$ 表示第 i 个评价指标在第 j 个评价单元中的最大值；$X_{ij\min}$ 表示第 i 个评价指标在第 j 个评价单元中的最小值。

4. 指标权重确定

不同的评价指标对于评价对象的影响程度是不同的，因此确定指标权重是分析研究中极为重要的一部分（王伟武，2005），是主客观综合考量的结果，确定权重的方法主要分为主观赋权法和客观赋权法。常用的有专家评价法、层次分析法、主成分分析法、因子分析法、德尔菲法、模糊物元法、熵值法、灰色关联度法、均方差法等（白雪梅等，1998；郭亚军，2002）。每一种方法都具有各自的优点与不足，为了获得更准确的评价结果，采用主观赋权法中的层次分析法和客观赋权法中的熵值法相结合而产生综合权重法。

1）层次分析法

层次分析法是主观赋权法中的一种，它是一种层次化、系统化的，定性和定量相结合的分析方法。利用层次分析法计算权重有五个主要步骤。本章使用软件Yaahp 平台，根据层次分析法进行权重计算。

2）熵值法

熵值法是客观赋权法中的一种，能在一定程度上避免主观因素带来的偏差，消除人为干扰，使结果更符合实际，更具科学性。使用熵值法计算得出各指标的权重方法如下：

根据熵的定义确定每个指标的信息熵，第 j 个指标的信息熵为

$$H_j = -\frac{1}{\ln m}(\sum_{i=1}^{m} f_{ij} \ln f_{ij}) \tag{6-5}$$

式中，$f_{ij} = \dfrac{Z_{ij}}{\sum\limits_{i=1}^{m} Z_{ij}}$，为使 $\ln f_{ij}$ 有意义，当 $f_{ij}=0$ 时，$f_{ij} \ln f_{ij}=0$。但当 $f_{ij}=1$ 时，$f_{ij} \ln f_{ij}$

也等于 0，这显然不符合实际要求，故需要对 f_{ij} 进行修正，定义为

$$f_{ij} = \frac{1+Z_{ij}}{\sum\limits_{i=1}^{m}(1+Z_{ij})} \ (i=1,2,3,\cdots,m; j=1,2,3,\cdots,n) \tag{6-6}$$

计算评价指标的熵权，第 i 个指标的权重为

$$W_i = \frac{1-H_j}{n-\sum\limits_{j=1}^{n} H_j} \left(\sum\limits_{i=1}^{m} W_i = 1, i=1,2,3,\cdots,m\right) \tag{6-7}$$

3）综合权重法

由于主观赋权法和客观赋权法都存在一定的不足，所以将两种方法结合起来，统一成为一个综合权重，计算公式为

$$W = n_1 W_1 + n_2 W_2 \tag{6-8}$$

式中，W 为综合权重；W_1 为层次分析法得出的权重；W_2 为熵值法得出的权重；n_1、n_2 为其参考系数。借鉴相关研究，并与专家讨论，选取 $n_1 = n_2 = 0.5$，得到综合权重（表6-3）。

表 6-3　评价指标权重

指标代号	指标名称	综合权重
P1	人口总数	0.012 28
P2	人口自然增长率	0.033 74
P3	人口密度	0.041 04
P4	国内旅游人次	0.011 41
P5	入境旅游人次	0.014 70
P6	教师人员在总人口中的比例	0.036 99
P7	科技人员在总人口中的比例	0.024 37
P8	医疗卫生人员在总人口中的比例	0.028 58
R1	水资源总量	0.026 15
R2	农作物播种面积	0.204 68
R3	年降水量	0.029 68
R4	自然保护区面积	0.027 77
R5	造林面积	0.020 96
R6	人均公园绿地面积	0.015 83
R7	年平均相对湿度	0.027 83
R8	森林覆盖率	0.010 45
R9	人均日生活用水量	0.013 40
E1	工业固废年产量	0.027 41
E2	工业危险固废年产量	0.033 61
E3	赤潮面积	0.015 65
E4	工业废水排放总量	0.029 19
E5	生活污水排放总量	0.039 87
E6	工业废气排放总量	0.027 08
E7	工业二氧化硫排放量	0.019 97
E8	工业废水排放达标率	0.036 76
E9	工业烟粉尘排放量	0.015 44
SE1	国内生产总值指数	0.012 82
SE2	人均 GDP	0.020 92
SE3	单位面积粮食产量	0.010 39
SE4	非第二产业产值比例	0.028 93
SE5	各项税收总额	0.011 10
SE6	科技支出在财政支出中的比例	0.031 74
SE7	教育支出在财政支出中的比例	0.013 38
SE8	医疗卫生在财政支出中的比例	0.011 48
SE9	环境污染治理投资在财政投资中的比例	0.034 61

5. 综合指数计算

生态安全状态通过不同指标数据得以体现，需要进行综合分析来总结。利用生态安全综合指数（ecological security index，ESI）（张继全，2011）来表示区域生态安全水平的高低，其计算公式为

$$\text{ESI} = \sum_{i=1}^{m} W_i Z_{ij} \ (i = 1, 2, 3, \cdots, m) \tag{6-9}$$

式中，W_i 为各评价指标的权重；Z_{ij} 为各评价指标的无纲量化值。ESI 得分越大，表示生态安全等级越高。

6. 等级评定

为了准确把握辽宁海岸带生态安全时空变化状况，根据 ESI 得分，把生态安全分为 5 个等级，由低到高依次为极不安全等级、较不安全等级、临界安全等级、较安全等级和理想安全等级。ESI 得分为 0～1，指数越大，生态环境就越安全，指数越小就越不安全。根据划分等级，分别用红色、橙色、黄色、蓝色和绿色进行标记。具体等级评定标准如表 6-4 所示。

表 6-4　生态安全等级判定标准

ESI 得分	[0～0.35)	[0.35～0.45)	[0.45～0.55)	[0.55～0.7)	[0.70～1]
安全等级	极不安全	较不安全	临界安全	较安全	理想安全
标记颜色	红色	橙色	黄色	蓝色	绿色

7. 评价结果分析

通过计算得到 2001～2014 年的研究区生态安全综合指数，判断相对应的生态安全等级，能够分析出时间和空间上的差异及其影响因素。本节从时间和空间两方面对 ESI 的得分结果进行分析，并分析主要影响因素。

1）时间演变分析

（1）大连市 ESI 的时间演变趋势。2001～2014 年大连市 ESI 演变趋势如图 6-2 所示。14 年间大连的 ESI 得分是波动上升的，基本符合公式：

$$y = 0.0006x^3 - 0.0103x^2 + 0.0402x + 0.4555 \qquad (6\text{-}10)$$

2001 年为临界安全等级；2002 年有所下降，仍为临界安全等级；2003 年有明显上升，为较安全等级；2004 年下降明显，处于临界安全等级；2005 年得分继续减小，2005～2008 年基本保持稳定，皆属于较不安全等级；2009 年情况有所好转，呈临界安全等级；2010 年又降为较不安全等级；2011 年持续下降，仍为较不安全等级；2012～2014 年逐年有所上升，由临界安全等级升为较安全等级，2014 年上升为 14 年内的最高水平，得分 0.619 38。按照此发展趋势，2014 年之后的得分可能将稳步增加，很有可能超过 0.7，达到理想安全等级。

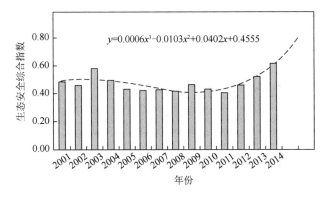

图 6-2　2001～2014 年大连市 ESI 演变趋势图

　　大连市生态安全等级一般，在研究区内处于平均水平。经过 14 年的演变，生态安全等级稳中有升。大连市位于黄海与渤海之间，辽东半岛南端，经济发达，国际化水平高，因此人口密度较高，人口老龄化情况比较严重，地区内国内外旅游人次较多，给生态环境带来极大的压力，但由于其发展较快，为海岸带地区之最，教师、医疗卫生人员、科技人员比例较大，使人口指标得分处于研究区较高水平；由于自身三面临海，气候湿润，降水比较充沛，但是年降水量变化较大，且人均日常用水量较大，各种资源人均消耗较多，明显影响资源指标，造成资源指标得分极低，严重拉低了总分；大连市的环境指标得分较高，且高于研究区平均等级，因为大连科技发展较快，工业及生活等垃圾处理合格排放率较高；大连的社会经济指标得分一般，处于全区域中游水平，大连的人均 GDP、科学研究支出等方面位于研究区首位，但其单位面积粮食产量较低、对于环境污染治理投资在财政投资中的比例较小，这显示其仍需加大对环境保护的治理力度。

　　（2）丹东市 ESI 的时间演变趋势。2001～2014 年丹东市 ESI 演变趋势如图 6-3 所示。14 年间丹东市的 ESI 得分是先降后升的，基本符合公式：

$$y = 0.0006x^3 - 0.0098x^2 + 0.0151x + 0.5941 \qquad (6-11)$$

　　2001 年为较安全状态；2002 年有所下降，仍为较安全等级；2003 年得分增加，成为 14 年内的最高水平，得分 0.606 95，依然属于较安全等级；2004 年至 2006 年连续下降，由临界安全等级降至较不安全等级；2007 年升为临界安全等级；2008～2009 年再次降低，降为较不安全等级；2010 年有所回升，但仍为较不安全等级；2011 年降至极不安全等级；2012～2013 年又由较不安全状态回升至临界安全等级；2014 年有所下降，但仍为临界安全等级。按照此趋势发展，2014 年之后的得分可能将平稳增加，很有可能提升至较安全等级，甚至达到理想安全等级。

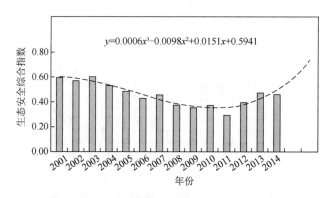

图 6-3　2001～2014 年丹东市 ESI 演变趋势图

　　丹东市 2001 年的生态安全状况较好，在全研究区中位于首位，但是在 14 年的演变中，波动较大，2004～2011 年下降趋势异常显著，由较安全等级下降为极不安全等级，此后回升。丹东市为边境城市，邻近朝鲜，但其边境贸易并不活跃，人均 GDP 偏低，对于科学技术研究等支出比例较低，连续 7 年人口自然增长率为负数，人口密度为研究区内最低，因此其人口和社会经济指标得分较低，且连续下降，严重拉低总体得分；但其临海沿江，降水量为研究区内最高，水资源丰富，工业、生活等废物达标处理率较高、危险废物比例小，环境指标得分位于全研究区的平均水平之上。

　　（3）锦州市 ESI 的时间演变趋势。2001～2014 年锦州市 ESI 演变趋势如图 6-4 所示。14 年间锦州市的 ESI 得分是先降后升的趋势，基本符合公式：

$$y = 0.0002x^3 - 0.0048x^2 + 0.0166x + 0.5343 \qquad (6\text{-}12)$$

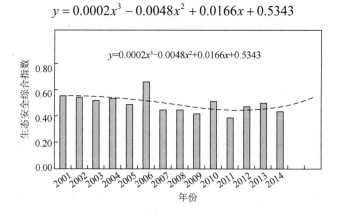

图 6-4　2001～2014 年锦州市 ESI 演变趋势图

　　2001～2005 年属于小范围波动，保持在临界安全等级；2006 年增长显著，升至 14 年内的最高水平，得分为 0.662 42，属于较安全等级；2007 年快速下降为较不安全等级；2008～2009 年有所波动，但属于较不安全等级；2010 年得分有所增加，等级升至临界安全等级；2011年再次降为较不安全等级；2012年再次升为临界安全等级；2013年仍为临界安全等级；2014年的得分下降，降为较不安全等级。按照此趋势，2014年之后的得分可能将缓慢增加，安全等级很有可能升为临界安全等级，甚至较安全等级。

锦州市的生态安全状况不容乐观，相比于全研究区而言处于平均线之下，总体情况是先降后升，下降幅度大于上升幅度。锦州市位于辽东湾西北部，人口密度较大，人均公园绿地面积较低，年降水量和年平均相对湿度均较低，使得资源指标得分较低；工业生产中排放的污染物数量较多，尤其工业危险固废年产量为研究区最多，生态环境污染重视程度不够，使得资源指标得分较低。

（4）营口市 ESI 的时间演变趋势。2001～2014年营口市 ESI 演变趋势如图6-5所示。14年间营口市的 ESI 得分是先降后升的趋势，基本符合公式：

$$y = -0.0004x^3 + 0.0142x^2 - 0.1266x + 0.71 \qquad (6\text{-}13)$$

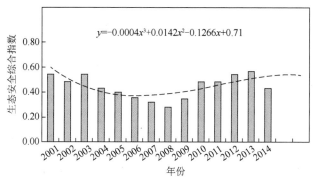

图 6-5　2001～2014 年营口市 ESI 演变趋势图

2001年为临界安全等级；2002年有所下降，仍为临界安全等级；2003年得分增加，但依然属于临界安全等级；2004～2008年连续下降，由较不安全等级降为极不安全等级；2009年有所上升，但仍为极不安全等级；2010～2013年得分连续增加，由临界安全等级升为较安全等级，2013年得到14年内的最高分0.570 69；2014年得分再次减少，降为较不安全等级。按照此趋势，2014年之后的得分可能将缓慢增加，安全等级很有可能升为临界安全等级，甚至是较安全等级。

相比较而言，营口市的 ESI 得分很低，位于研究区整体中的较差行列，经过了14年的演变，ESI 得分先不断下降，到2008年达最低值，后波动上升。分析原因，营口市地处辽东半岛西北部，位于辽河河口，拥有全国著名港口，人口密度较大，对环境压力较大；自然保护区面积较小，人均公园绿地面积较小，农作物播种面积为研究区最小，使得资源指标得分极低，位于全研究区平均水平之下；但人均 GDP 增长速度较快，在研究区平均水平之上，社会经济指标得分增长较多。

（5）盘锦市 ESI 的时间演变趋势。2001～2014 年盘锦市 ESI 演变趋势如图 6-6 所示。14 年间盘锦市的 ESI 得分是先波动下降后上升的，基本符合公式：

$$y = 0.0001x^3 - 0.0005x^2 - 0.0281x + 0.6273 \tag{6-14}$$

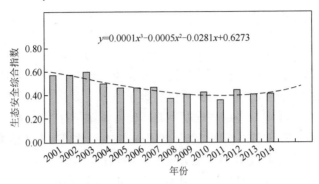

图 6-6　2001～2014 年盘锦市 ESI 演变趋势图

　　2001 年的初始生态安全状况较好，处于较安全等级；2002 年与上年几乎持平，仍为较安全等级；2003 年得分有所增加，达到 14 年内的最高分 0.596 17，仍属于较安全等级，2004～2005 年下降显著，均属于临界安全等级；2006～2007 年有所回升，但仍为临界安全等级；2008 年下降为较不安全等级；2009～2014 年得分波动上升，但上升幅度不大，一直属于较不安全等级。按照此趋势发展，2014 年之后的得分可能将缓慢增加，很有可能升为临界安全等级，甚至较安全等级。

　　盘锦市的生态安全状况不乐观，在全研究区中水平较低，经过 14 年的演变，生态安全状况前段平稳波动，中段波动下降，且下降幅度较大，后波动上升，上升幅度不大。分析原因，盘锦市处于辽东湾北岸，与营口市隔辽河相望。盘锦市是辽河油田的所在地，石化炼油产业发展对生态环境的干扰日趋增大，工业固废中危险固废比例较高，使得资源指标与环境指标得分下降明显；由于石油工业发展，污染物较多，因此盘锦市对于环境污染治理投资较多，在财政投资中的比例位于研究区前列，使得社会经济指标得分较高。

　　（6）葫芦岛市 ESI 的时间演变趋势。2001～2014 年葫芦岛市 ESI 演变趋势如图 6-7 所示。14 年间葫芦岛市的 ESI 得分是平稳波动的，基本符合公式：

$$y = -0.000\,05x^3 + 0.000\,99x^2 - 0.006\,9x + 0.501\,03 \tag{6-15}$$

　　2001 年处于临界安全等级；2002～2003 年得分稍有减少，皆属于临界安全等级；2004 年有所上升，仍为临界安全等级；2005 年得分减少，保持临界安全等级；2006 年得分增加，达到 14 年的最高分 0.535 05，仍属于临界安全等级；2007～2011 年得分变化不大，属于波动状态，一直保持临界安全等级；2012 年得分有所增加，仍然属于临界安全等级，但得分与 2006 年相近；2013～2014 年再次下降，由临界安全等级降为较不安全等级。按照此趋势，2014 年后的生态安全等级有可能变化不大，但有轻度下降的可能。

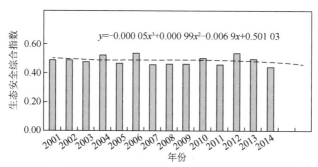

图 6-7　2001～2014 年葫芦岛市 ESI 演变趋势图

　　葫芦岛市的生态安全状况一般，一直比较稳定，保持在平均水平左右，但在近几年平稳中有轻微下降趋势。分析原因，葫芦岛市位于辽西走廊，锦州湾西南部，年降水量较少，年平均相对湿度偏低，自然保护区面积小，资源指标得分不断降低；人口密度较低，人均 GDP 较低，但增长较快，教育与科研支出占财政支出中的比例在研究区中较高，社会经济指标得分增长显著；工业污染排放量、生活污染排放量有所增长但增长较慢，说明环境污染治理在有效进行。

　　2）空间差异分析

　　（1）2001 年 ESI 的空间差异分析。2001 年研究区 ESI 得分如表 6-5 所示，丹东市得到最高分 0.596 53，属于较安全等级，说明研究区整体生态安全水平表现比较好。其中大连市分数最低，为 0.486 51，处于临界安全等级。研究区整体平均分为 0.542 74，处于临界安全等级，其中人口指标得分 0.105 19，资源指标得分 0.214 81，环境指标得分 0.166 69，社会经济指标得分 0.056 04，体现出人类活动强度比较大，对生态环境破坏程度大。本年度研究区 ESI 得分排名依次为 1 丹东市、2 盘锦市、3 锦州市、4 营口市、5 葫芦岛市、6 大连市。

表 6-5　2001 年研究区 ESI 得分

	研究区整体	大连市	丹东市	锦州市	营口市	盘锦市	葫芦岛市
人口指标得分	0.105 19	0.127 24	0.085 51	0.107 45	0.115 57	0.081 08	0.114 32
资源指标得分	0.214 81	0.127 85	0.259 26	0.243 97	0.219 73	0.264 37	0.173 68
环境指标得分	0.166 69	0.181 43	0.174 88	0.149 42	0.148 79	0.191 80	0.153 84
社会经济指标得分	0.056 04	0.049 99	0.076 89	0.057 36	0.062 38	0.040 67	0.048 96
生态安全指数	0.542 74	0.486 51	0.596 53	0.558 20	0.546 46	0.577 91	0.490 80
生态安全等级	临界安全	临界安全	较安全	较安全	临界安全	较安全	临界安全

　　2001 年研究区生态安全等级的空间分布如图 6-8 所示，全区表现水平比较好，皆为临界安全和较安全等级。辽东湾北岸的锦州市、盘锦市和黄海沿岸的丹东市表现较好，处于较安全等级；大连市、营口市、葫芦岛市均为临界安全等级，达

到黄色预警。

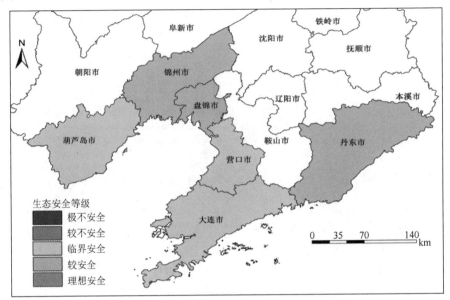

图 6-8　2001 年研究区生态安全等级示意图

（2）2002 年 ESI 的空间差异分析。2002 年研究区的 ESI 得分如表 6-6 所示，盘锦市得到最高分 0.573 14，属于较安全等级。研究区中最低分仍为大连市，得分为 0.456 90，属于临界安全等级，较 2001 年有所下降。研究区整体平均分为 0.522 06，处于临界安全等级，其中人口指标得分 0.101 59，资源指标得分 0.207 12，环境指标得分 0.160 73，社会经济指标得分 0.052 62。研究区内各城市生态安全综合指数和各指标得分均与 2001 年相差不大，排名也变动不大，说明生态安全状况相似。本年度研究区 ESI 得分排名依次为 1 盘锦市、2 丹东市、3 锦州市、4 营口市、5 葫芦岛市、6 大连市。

表 6-6　2002 年研究区 ESI 得分

	研究区整体	大连市	丹东市	锦州市	营口市	盘锦市	葫芦岛市
人口指标得分	0.101 59	0.112 59	0.088 34	0.110 13	0.091 56	0.100 65	0.106 30
资源指标得分	0.207 12	0.154 05	0.233 97	0.234 57	0.196 67	0.235 11	0.188 36
环境指标得分	0.160 73	0.137 32	0.180 69	0.149 42	0.147 59	0.193 42	0.155 94
社会经济指标得分	0.052 62	0.052 94	0.069 97	0.053 09	0.057 95	0.043 96	0.037 77
生态安全指数	0.522 06	0.456 90	0.572 98	0.547 20	0.493 77	0.573 14	0.488 38
生态安全等级	临界安全	临界安全	较安全	临界安全	临界安全	较安全	临界安全

2002 年研究区生态安全等级的空间分布如图 6-9 所示，全区生态安全水平一般，多为临界安全等级。仅有丹东市和盘锦市属于较安全等级；大连市、锦州

市、营口市、葫芦岛市皆为临界安全等级，黄色预警；锦州市较 2001 年安全等级下降。

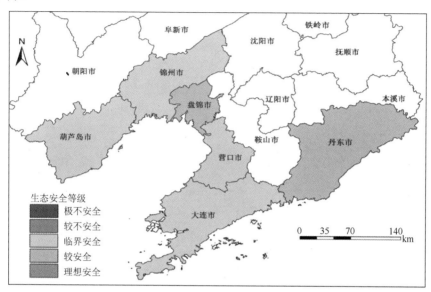

图 6-9　2002 年研究区生态安全等级示意图

（3）2003 年 ESI 的空间差异分析。2003 年研究区的 ESI 得分如表 6-7 所示，丹东市得到最高分 0.606 95，属于较安全等级。研究区中最低分为葫芦岛市，得分为 0.476 70，处于临界安全等级，较 2002 年有所下降。研究区整体平均分为 0.553 97，处于较安全等级，较 2002 年有所提升。其中人口指标得分 0.099 91，资源指标得分 0.246 31，环境指标得分 0.168 24，社会经济指标得分 0.039 50，资源得分较 2002 年增长显著，说明在资源保护和合理利用方面有所进步。研究区中的大连市得分较 2002 年增长显著，尤其是资源和环境指标，说明大连市在资源和环境的保护力度和效果上进步明显。本年度研究区 ESI 得分排名依次为 1 丹东市、2 盘锦市、3 大连市、4 营口市、5 锦州市、6 葫芦岛市。

表 6-7　2003 年研究区 ESI 得分

	研究区整体	大连市	丹东市	锦州市	营口市	盘锦市	葫芦岛市
人口指标得分	0.099 91	0.116 93	0.079 78	0.100 12	0.101 35	0.107 91	0.093 39
资源指标得分	0.246 31	0.233 66	0.286 58	0.227 73	0.261 04	0.263 86	0.205 00
环境指标得分	0.168 24	0.182 79	0.185 05	0.144 83	0.147 23	0.191 95	0.157 61
社会经济指标得分	0.039 50	0.045 67	0.055 54	0.044 76	0.037 86	0.032 45	0.020 70
生态安全指数	0.553 97	0.579 06	0.606 95	0.517 45	0.547 48	0.596 17	0.476 70
生态安全等级	较安全	较安全	较安全	临界安全	临界安全	较安全	临界安全

2003 年研究区生态安全等级的空间分布如图 6-10 所示，全区表现较好，皆为

临界安全和较安全等级。黄海沿岸明显优于渤海沿岸，黄海沿岸的大连市和丹东市均为较安全等级，其中大连市较 2002 年安全等级提升；渤海沿岸只有辽东湾北岸的盘锦市为较安全等级；其他地区为临界安全等级，黄色预警。

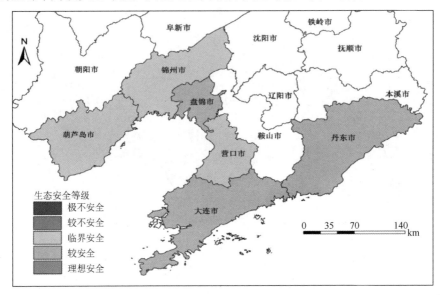

图 6-10　2003 年研究区生态安全等级示意图

（4）2004 年 ESI 的空间差异分析。2004 年研究区的 ESI 得分如表 6-8 所示，锦州市得到最高分 0.533 90，属于临界安全等级。研究区中最低分为营口市，得分为 0.439 88，处于较不安全等级，与 2003 年相比得分下降显著。研究区整体平均分为 0.503 17，属于临界安全等级，较 2003 年下降显著。其中人口指标得分0.095 97，资源指标得分 0.194 61，环境指标得分 0.166 82，社会经济指标得分0.045 77，资源得分大幅度下降，说明在资源污染和消耗方面破坏或浪费严重。研究区中除葫芦岛市外，其他五个城市的生态安全指数得分都有所下降，下降最多的是营口市。本年度研究区 ESI 得分排名依次为 1 锦州市、2 丹东市、3 葫芦岛市、4 盘锦市、5 大连市、6 营口市。

表 6-8　2004 年研究区 ESI 得分

	研究区整体	大连市	丹东市	锦州市	营口市	盘锦市	葫芦岛市
人口指标得分	0.095 97	0.120 16	0.073 96	0.100 74	0.087 19	0.104 01	0.089 75
资源指标得分	0.194 61	0.142 46	0.211 30	0.243 18	0.164 08	0.156 90	0.249 73
环境指标得分	0.166 82	0.181 50	0.185 85	0.141 27	0.146 94	0.190 11	0.155 27
社会经济指标得分	0.045 77	0.052 55	0.061 35	0.048 71	0.041 67	0.045 72	0.024 62
生态安全指数	0.503 17	0.496 66	0.532 45	0.533 90	0.439 88	0.496 74	0.519 37
生态安全等级	临界安全	临界安全	临界安全	临界安全	较不安全	临界安全	临界安全

　　2004 年研究区生态安全等级的空间分布如图 6-11 所示，全区表现一般，研究区中大部分区域属于临界安全等级，较不稳定。辽东湾东岸的营口市处于较不安全等级，达到橙色预警；其他五个城市皆属于临界安全等级，黄色预警；其中大连市、丹东市、营口市、盘锦市均较 2003 年安全等级下降。

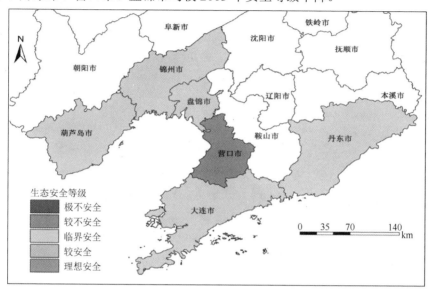

图 6-11　2004 年研究区生态安全等级示意图

　　（5）2005 年 ESI 的空间差异分析。2005 年研究区的 ESI 得分如表 6-9 所示，锦州市得到最高分 0.488 73，属于临界安全等级。研究区中最低分为营口市，得分为 0.396 13，处于较不安全等级，较 2004 年下降显著。研究区整体平均分为 0.456 14，处于临界安全等级，与 2004 年相比得分有所下降。其中人口指标得分 0.089 33，资源指标得分 0.153 28，环境指标得分 0.165 96，社会经济指标得分 0.047 57，资源指标得分下降最多，说明相关资源仍在被污染或过度消耗。研究区内六个城市排名与 2004 年相同，但是得分均有下降，下降最明显的指标是资源指标，说明资源问题最为突出。本年度研究区 ESI 得分排名依次为 1 锦州市、2 丹东市、3 葫芦岛市、4 盘锦市、5 大连市、6 营口市。

表 6-9　2005 年研究区 ESI 得分

	研究区整体	大连市	丹东市	锦州市	营口市	盘锦市	葫芦岛市
人口指标得分	0.089 33	0.101 17	0.058 64	0.099 57	0.076 95	0.104 76	0.094 89
资源指标得分	0.153 28	0.114 09	0.182 52	0.196 43	0.116 49	0.125 15	0.185 04
环境指标得分	0.165 96	0.171 71	0.188 42	0.141 54	0.151 44	0.190 22	0.152 43
社会经济指标得分	0.047 57	0.047 36	0.054 80	0.051 19	0.051 26	0.044 74	0.036 05
生态安全指数	0.456 14	0.434 33	0.484 37	0.488 73	0.396 13	0.464 86	0.468 42
生态安全等级	临界安全	较不安全	临界安全	临界安全	较不安全	临界安全	临界安全

2005 年研究区生态安全等级的空间分布如图 6-12 所示，全区表现一般，多数区域为临界安全等级，较不稳定。辽东半岛的大连市和营口市处于较不安全等级，达到橙色预警；其他四个城市皆属于临界安全等级，黄色预警；其中大连市较 2004 年安全等级下降。

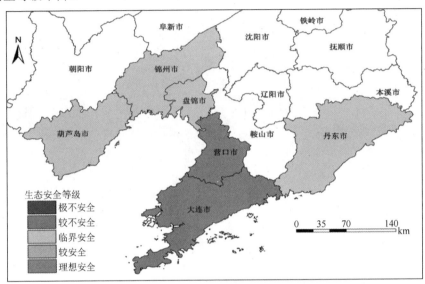

图 6-12   2005 年研究区生态安全等级示意图

（6）2006 年 ESI 的空间差异分析。2006 年研究区的 ESI 得分如表 6-10 所示，锦州市得到最高分 0.662 42，属于较安全等级，与 2005 年相比增长显著。研究区中最低分仍为营口市，得分为 0.360 60，处于较不安全等级，属于连续下降的情况，连续三年为研究区中的最低分。研究区整体平均分为 0.478 89，属于临界安全等级，与 2005 年相比情况有所好转。其中人口指标得分 0.095 03，资源指标得分 0.153 65，环境指标得分 0.173 17，社会经济指标得分 0.057 04，各指标得分与 2005 年相似。研究区中，生态安全综合指数地区差异较大，营口市连续三年为区域内最低分。本年度研究区 ESI 得分排名依次为 1 锦州市、2 葫芦岛市、3 盘锦市、4 丹东市、5 大连市、6 营口市。

表 6-10   2006 年研究区 ESI 得分

	研究区整体	大连市	丹东市	锦州市	营口市	盘锦市	葫芦岛市
人口指标得分	0.095 03	0.097 41	0.053 76	0.127 92	0.064 31	0.101 62	0.125 17
资源指标得分	0.153 65	0.085 79	0.145 38	0.249 72	0.108 14	0.105 45	0.227 44
环境指标得分	0.173 17	0.189 97	0.173 72	0.167 75	0.144 98	0.213 47	0.149 15
社会经济指标得分	0.057 04	0.048 74	0.054 79	0.117 04	0.043 17	0.045 18	0.033 29
生态安全指数	0.478 89	0.421 91	0.427 66	0.662 42	0.360 60	0.465 72	0.535 05
生态安全等级	临界安全	较不安全	较不安全	较安全	较不安全	临界安全	临界安全

2006 年研究区生态安全等级的空间分布如图 6-13 所示，全区表现较差，多数区域为较不安全等级，比较危险。渤海沿岸的表现状况优于黄海沿岸，其中锦州市属于较安全等级；盘锦市、葫芦岛市属于临界安全等级，黄色预警；大连市、丹东市、营口市属于较不安全等级，达到橙色预警；其中丹东市较 2005 年安全等级下降，锦州市较 2005 年安全等级上升。

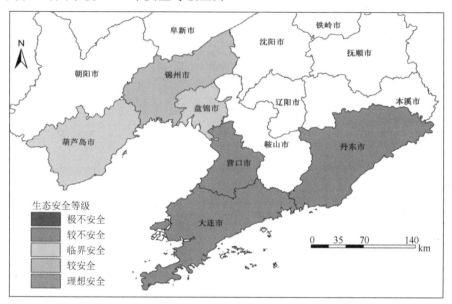

图 6-13　2006 年研究区生态安全等级示意图

（7）2007 年 ESI 的空间差异分析。2007 年研究区的 ESI 得分如表 6-11 所示，盘锦市得到最高分 0.466 67，属于临界安全等级。研究区中最低分仍为营口市，得分为 0.323 88，处于较不安全等级，仍处于连续下降的状况，连续四年为研究区中的最低分。研究区整体平均分为 0.430 27，属于较不安全等级，下降显著。其中人口指标得分 0.078 05，资源指标得分 0.137 48，环境指标得分 0.159 58，社会经济指标得分 0.055 16，各指标得分与 2006 年相比均有下降。研究区中，ESI 得分的地区差异仍比较大，营口市连续四年得到区域内的最低分。锦州市较 2006 年相比下降显著，资源指标和社会经济指标得分下降明显，表示对应的资源与社会经济因素对生态环境的干扰强度在增大。本年度研究区 ESI 得分排名依次为 1 盘锦市、2 丹东市、3 葫芦岛市、4 锦州市、5 大连市、6 营口市。

表 6-11　2007 年研究区 ESI 得分

	研究区整体	大连市	丹东市	锦州市	营口市	盘锦市	葫芦岛市
人口指标得分	0.078 05	0.090 37	0.058 99	0.088 47	0.054 14	0.098 43	0.077 89
资源指标得分	0.137 48	0.111 64	0.155 79	0.173 21	0.067 48	0.105 38	0.211 38
环境指标得分	0.159 58	0.169 31	0.171 13	0.132 53	0.159 41	0.201 74	0.123 36
社会经济指标得分	0.055 16	0.056 69	0.074 19	0.049 93	0.042 85	0.061 13	0.046 18
生态安全指数	0.430 27	0.428 00	0.460 10	0.444 15	0.323 88	0.466 67	0.458 81
生态安全等级	较不安全	较不安全	临界安全	较不安全	极不安全	临界安全	临界安全

2007 年研究区生态安全等级的空间分布如图 6-14 所示，全区表现较差，多数地区属于临界安全等级，较不稳定。丹东市、盘锦市、葫芦岛市为临界安全等级，黄色预警；大连市和锦州市属于较不安全等级，达到橙色预警；营口市为极不安全等级，出现红色预警；其中丹东市较 2006 年安全等级上升，锦州市、营口市较 2006 年安全等级下降。

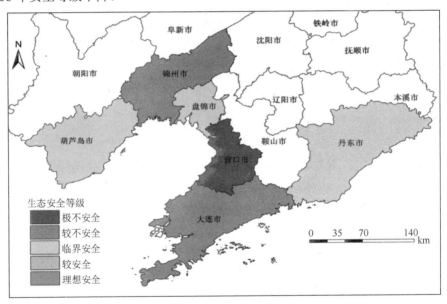

图 6-14　2007 年研究区生态安全等级示意图

（8）2008 年 ESI 的空间差异分析。2008 年研究区的 ESI 得分如表 6-12 所示，葫芦岛市得到最高分 0.459 14，属于临界安全等级。研究区中最低分仍为营口市，得分为 0.280 50，属于极不安全等级，还处在连续下降的状况。研究区整体平均分为 0.391 82，处于较不安全等级，较 2007 年有所下降。其中人口指标得分 0.074 85，资源指标得分 0.109 23，环境指标得分 0.146 24，社会经济指标得分 0.061 49。研究区中，除锦州市外，其他五个城市生态安全综合指数均有所下降，营口市连续五年为区域内最低分。本年度研究区 ESI 得分排名依次为 1 葫芦岛市、2 锦州市、3 大连市、4 丹东市、5 盘锦市、6 营口市。

表 6-12　2008 年研究区 ESI 得分

	研究区整体	大连市	丹东市	锦州市	营口市	盘锦市	葫芦岛市
人口指标得分	0.074 85	0.095 89	0.056 66	0.087 31	0.058 30	0.093 76	0.057 15
资源指标得分	0.109 23	0.067 14	0.115 12	0.155 60	0.053 50	0.098 62	0.165 42
环境指标得分	0.146 24	0.183 92	0.149 03	0.138 64	0.117 30	0.139 36	0.149 20
社会经济指标得分	0.061 49	0.068 30	0.056 74	0.064 21	0.051 40	0.040 95	0.087 37
生态安全指数	0.391 82	0.415 25	0.377 56	0.445 76	0.280 50	0.372 69	0.459 14
生态安全等级	较不安全	较不安全	较不安全	较不安全	极不安全	较不安全	临界安全

2008 年研究区生态安全等级的空间分布如图 6-15 所示，全区表现较差，多属于较不安全等级，较不稳定。葫芦岛市属于临界安全等级，黄色预警；大连市、丹东市、锦州市、盘锦市属于较不安全等级，达到橙色预警；营口市属于极不安全等级，仍为红色预警；其中丹东市、盘锦市较 2007 年安全等级下降。

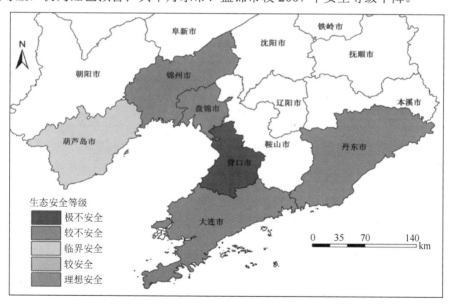

图 6-15　2008 年研究区生态安全等级示意图

（9）2009 年 ESI 的空间差异分析。2009 年研究区的 ESI 得分如表 6-13 所示，大连市得到最高分 0.466 01，属于临界安全等级。研究区中最低分仍为营口市，得分为 0.348 33，有所提高，但仍处于极不安全等级。研究区整体平均分为 0.409 42，处于较不安全等级，较 2008 年有所增加。其中人口指标得分 0.076 86，资源指标得分 0.111 21，环境指标得分 0.143 20，社会经济指标得分 0.078 15。研究区中，营口市生态安全指数连续六年为区域内最低分。本年度研究区 ESI 得分排名依次为 1 大连市、2 葫芦岛市、3 锦州市、4 盘锦市、5 丹东市、6 营口市。

表 6-13　2009 年研究区 ESI 得分

	研究区整体	大连市	丹东市	锦州市	营口市	盘锦市	葫芦岛市
人口指标得分	0.076 86	0.114 24	0.070 51	0.089 82	0.048 96	0.091 28	0.046 35
资源指标得分	0.111 21	0.098 78	0.102 33	0.164 50	0.067 43	0.076 32	0.157 91
环境指标得分	0.143 20	0.167 58	0.142 60	0.103 88	0.137 96	0.148 58	0.158 58
社会经济指标得分	0.078 15	0.085 41	0.039 66	0.062 28	0.093 97	0.091 38	0.096 22
生态安全指数	0.409 42	0.466 01	0.355 10	0.420 47	0.348 33	0.407 55	0.459 06
生态安全等级	较不安全	临界安全	较不安全	较不安全	极不安全	较不安全	临界安全

　　2009 年研究区生态安全等级的空间分布如图 6-16 所示，全区表现较差，多数属于较不安全等级，较不稳定。黄海沿岸优于辽东湾沿岸，大连市、葫芦岛市为临界安全等级，黄色预警；丹东市、锦州市、盘锦市为较不安全等级，橙色预警；营口市仍然为极不安全等级，达到红色预警；其中大连市较 2008 年安全等级上升。

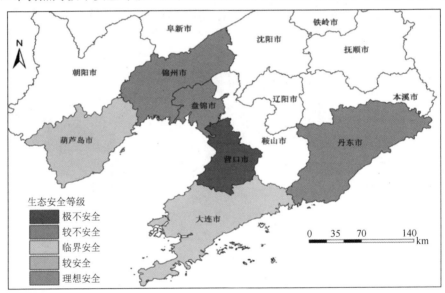

图 6-16　2009 年研究区生态安全等级示意图

　　（10）2010 年 ESI 的空间差异分析。2010 年研究区的 ESI 得分如表 6-14 所示，锦州市得到最高分 0.512 56，属于临界安全等级。研究区中最低分为丹东市，得分为 0.375 31，有所提高，但仍处于较不安全等级。研究区整体平均分为 0.458 04，处于临界安全等级，较 2009 年增加显著。其中人口指标得分 0.099 33，资源指标得分 0.151 08，环境指标得分 0.125 97，社会经济指标得分 0.081 65。研究区中，营口市生态安全指数增加明显，结束了连续六年的最低值。本年度研究区 ESI 得分排名依次为 1 锦州市、2 葫芦岛市、3 营口市、4 大连市、5 盘锦市、6 丹东市。

表 6-14　2010 年研究区 ESI 得分

	研究区整体	大连市	丹东市	锦州市	营口市	盘锦市	葫芦岛市
人口指标得分	0.099 33	0.064 68	0.086 64	0.100 15	0.152 10	0.076 71	0.115 70
资源指标得分	0.151 08	0.139 47	0.121 95	0.216 86	0.125 78	0.113 42	0.189 01
环境指标得分	0.125 97	0.127 01	0.132 44	0.122 21	0.110 43	0.166 07	0.097 67
社会经济指标得分	0.081 65	0.103 93	0.034 27	0.073 33	0.100 79	0.076 37	0.101 22
生态安全指数	0.458 04	0.435 08	0.375 31	0.512 56	0.489 10	0.432 57	0.503 60
生态安全等级	临界安全	较不安全	较不安全	临界安全	临界安全	较不安全	临界安全

　　2010 年研究区生态安全等级的空间分布如图 6-17 所示,全区表现较差,皆为较不安全或临界安全等级,较不稳定。渤海沿岸明显优于黄海沿岸,锦州市、营口市、葫芦岛市为临界安全等级,黄色预警;大连市、丹东市、盘锦市为较不安全等级,达到橙色预警;其中锦州市、营口市较 2009 年安全等级上升,大连市较 2009 年安全等级下降。

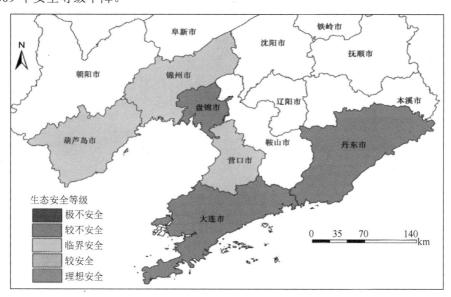

图 6-17　2010 年研究区生态安全等级示意图

　　(11) 2011 年 ESI 的空间差异分析。2011 年研究区的 ESI 得分如表 6-15 所示,营口市得到最高分 0.490 25,属于临界安全等级。研究区中最低分为丹东市,得分为 0.296 89,有所下降,属于极不安全等级。研究区整体平均分为 0.400 80,处于较不安全等级,较 2010 年下降显著。其中人口指标得分 0.095 38,资源指标得分 0.099 83,环境指标得分 0.121 01,社会经济指标得分 0.084 57。研究区中,营口市生态安全指数有所增加,其他五个城市得分均显著下降,说明各城市生态环境状况较 2010 年更恶劣。本年度研究区 ESI 得分排名依次为 1 营口市、2 葫芦岛市、3 大连市、4 锦州市、5 盘锦市、6 丹东市。

表6-15　2011 年研究区 ESI 得分

	研究区整体	大连市	丹东市	锦州市	营口市	盘锦市	葫芦岛市
人口指标得分	0.095 38	0.095 61	0.078 08	0.089 55	0.120 71	0.104 47	0.083 88
资源指标得分	0.099 83	0.100 29	0.066 82	0.076 11	0.118 80	0.083 86	0.153 07
环境指标得分	0.121 01	0.123 56	0.093 81	0.148 76	0.157 68	0.095 89	0.106 38
社会经济指标得分	0.084 57	0.085 11	0.058 18	0.076 31	0.093 06	0.083 44	0.111 34
生态安全指数	0.400 80	0.404 57	0.296 89	0.390 73	0.490 25	0.367 67	0.454 66
生态安全等级	较不安全	较不安全	极不安全	较不安全	临界安全	较不安全	临界安全

2011 年研究区生态安全等级的空间分布如图 6-18 所示，全区表现较差，多属于较不安全等级，较不稳定。营口市、葫芦岛市属于临界安全等级，黄色预警；大连市、锦州市、盘锦市属于较不安全等级，达到橙色预警；丹东市属于极不安全等级，出现红色预警；锦州市、丹东市较 2010 年安全等级下降。

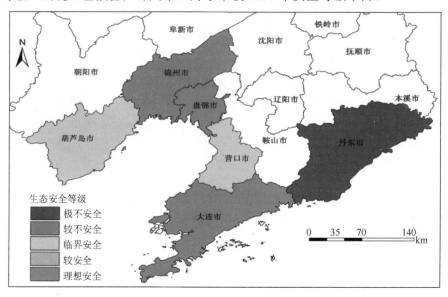

图 6-18　2011 年研究区生态安全等级示意图

（12）2012 年 ESI 的空间差异分析。2012 年研究区的 ESI 得分如表 6-16 所示，营口市得到最高分 0.540 09，属于临界安全等级。研究区中最低分仍为丹东市，得分为 0.393 32，有所提高，处于较不安全等级。研究区整体平均分为 0.473 40，处于临界安全等级，较 2011 年提高显著。其中人口指标得分 0.101 85，资源指标得分 0.132 54，环境指标得分 0.146 10，社会经济指标得分 0.092 91，资源指标得分明显增长，表示研究区资源污染或利用状况有所缓解，生态环境状况有所改善。研究区中，丹东市得分有所提高，但仍连续三年为最低值。本年度研究区 ESI 得分排名依次为 1 营口市、2 葫芦岛市、3 锦州市、4 大连市、5 盘锦市、6 丹东市。

表 6-16　2012 年研究区 ESI 得分

	研究区整体	大连市	丹东市	锦州市	营口市	盘锦市	葫芦岛市
人口指标得分	0.101 85	0.114 91	0.119 63	0.086 31	0.087 30	0.106 07	0.096 89
资源指标得分	0.132 54	0.099 95	0.095 02	0.136 62	0.156 76	0.111 61	0.195 26
环境指标得分	0.146 10	0.152 42	0.123 71	0.170 82	0.181 88	0.104 36	0.143 43
社会经济指标得分	0.092 91	0.090 02	0.054 96	0.078 63	0.114 16	0.121 32	0.098 36
生态安全指数	0.473 40	0.457 30	0.393 32	0.472 39	0.540 09	0.443 35	0.533 94
生态安全等级	临界安全	临界安全	较不安全	临界安全	临界安全	较不安全	临界安全

　　2012 年研究区生态安全等级的空间分布如图 6-19 所示，全区表现一般，多属于临界安全等级。大连市、锦州市、营口市、葫芦岛市属于临界安全等级，黄色预警；丹东市、盘锦市属于较不安全等级，达到橙色预警；其中大连市、丹东市、锦州市较 2011 年安全等级提升。

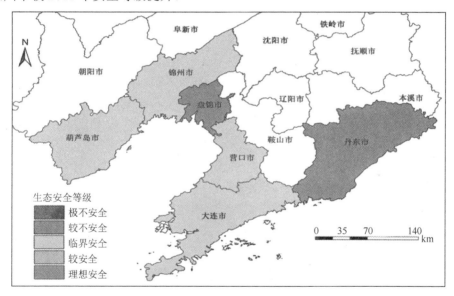

图 6-19　2012 年研究区生态安全等级示意图

　　（13）2013 年 ESI 的空间差异分析。2013 年研究区的 ESI 得分如表 6-17 所示，营口市得到最高分 0.570 69，属于较安全等级。研究区中最低分为盘锦市，得分为 0.404 91，属于较不安全等级。研究区整体平均分为 0.494 58，属于临界安全等级，与 2012 年相比情况有所好转。其中人口指标得分 0.106 57，资源指标得分 0.135 70，环境指标得分 0.148 48，社会经济指标得分 0.103 83。本年度研究区 ESI 得分排名依次为 1 营口市、2 大连市、3 葫芦岛市、4 锦州市、5 丹东市、6 盘锦市。

表 6-17　2013 年研究区 ESI 得分

	研究区整体	大连市	丹东市	锦州市	营口市	盘锦市	葫芦岛市
人口指标得分	0.106 57	0.113 13	0.127 89	0.102 05	0.102 64	0.106 82	0.086 92
资源指标得分	0.135 70	0.131 04	0.115 22	0.152 67	0.178 32	0.092 51	0.144 44
环境指标得分	0.148 48	0.184 49	0.143 25	0.137 22	0.187 46	0.087 34	0.151 12
社会经济指标得分	0.103 83	0.093 13	0.088 66	0.104 82	0.102 27	0.118 25	0.115 82
生态安全指数	0.494 58	0.521 79	0.475 02	0.496 76	0.570 69	0.404 91	0.498 30
生态安全等级	临界安全	临界安全	临界安全	临界安全	较安全	较不安全	临界安全

　　2013 年研究区生态安全等级的空间分布如图 6-20 所示，全区表现一般，多数区域属于临界安全等级。营口市为较安全等级；大连市、丹东市、锦州市、葫芦岛市为临界安全等级，黄色预警；盘锦市属于较不安全等级，达到橙色预警；丹东市、营口市较 2012 年安全等级提升。

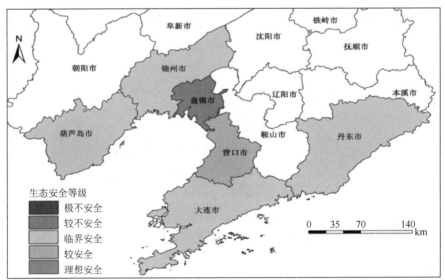

图 6-20　2013 年研究区生态安全等级示意图

　　（14）2014 年 ESI 的空间差异分析。2014 年研究区的 ESI 得分如表 6-18 所示，大连市得到最高分 0.619 38，增加显著，属于较安全等级。研究区中最低分为盘锦市，得分为 0.410 90，有所提高，属于较不安全等级。研究区整体平均分为 0.470 10，属于临界安全等级，与 2013 年相比有所退步。其中人口指标得分 0.101 97，资源指标得分 0.117 61，环境指标得分 0.128 82，社会经济指标得分 0.121 70。本年度研究区 ESI 得分排名依次为 1 大连市、2 丹东市、3 锦州市、4 营口市、5 葫芦岛市、6 盘锦市。

表 6-18　2014 年研究区 ESI 得分

	研究区整体	大连市	丹东市	锦州市	营口市	盘锦市	葫芦岛市
人口指标得分	0.101 97	0.096 76	0.111 30	0.124 30	0.071 15	0.114 10	0.094 20
资源指标得分	0.117 61	0.245 67	0.101 64	0.096 43	0.103 97	0.082 95	0.075 01
环境指标得分	0.128 82	0.146 24	0.126 80	0.117 82	0.170 68	0.067 58	0.143 80
社会经济指标得分	0.121 70	0.130 72	0.124 72	0.104 25	0.096 10	0.146 26	0.128 14
生态安全指数	0.470 10	0.619 38	0.464 45	0.442 80	0.441 90	0.410 90	0.441 15
生态安全等级	临界安全	较安全	临界安全	较不安全	较不安全	较不安全	较不安全

2014 年研究区生态安全等级的空间分布如图 6-21 所示，全区表现较差，多数区域属于较不安全等级。大连市为较安全等级；丹东市属于临界安全等级，黄色预警；锦州市、营口市、盘锦市属于较不安全等级，橙色预警；大连市较 2013 年安全等级提升，锦州市、营口市、葫芦岛市较 2013 年安全等级下降。

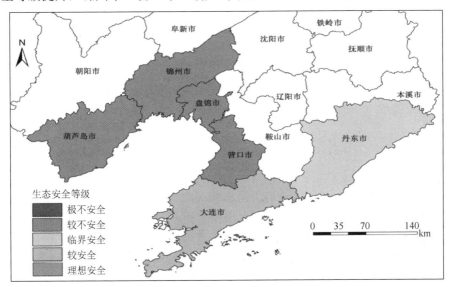

图 6-21　2014 年研究区生态安全等级示意图

6.1.2　辽宁海岸带生态安全影响因素分析

1. STIRPAT 模型

人海关系是人类生产生活活动与海洋环境之间相互作用、相互影响的关系，因此有其独特的复杂性。在这种关系中，参与活动的影响因素种类多样，影响方式丰富，各影响因素之间的相互作用复杂，具有动态关联性，人类在对其的认知上也是比较有限的。为了在整体上把握人海关系中的主体影响因素，利用主成分分析法，在 P-R-E-SE 指标体系的 35 种指标中，选取影响比较大的 3 种指标，把其纳入可拓展的随机性的环境影响评估模型中（York et al.，2003），分析其对于研究区生态环境影响的作用大小。运用主成分分析法得到的三种主要指标为人口总数、人均 GDP 和工业废水排放达标率。

本章用 STIRPAT 模型评价人海关系相关因素对研究区生态环境影响的作用大小。具体公式为

$$I = aP^b A^c T^d e \tag{6-16}$$

式中，I、P、A、T 分别表示环境影响、人口数量、富裕程度和技术；a 是模型的系数；b、c、d 是驱动力的指数；e 为模型误差项。

为了衡量相关因素对环境影响的作用大小，可将公式（6-16）转换成对数形式：

$$\ln I = \ln a + b(\ln P) + c(\ln A) + d(\ln T) + \ln e \tag{6-17}$$

为考察经济增长与环境压力之间相互变化关系，将模型中的自变量 $\ln A$ 分解为 $\ln A$ 和 $(\ln A)^2$ 两项，模型调整为

$$\ln I = \ln a + b(\ln P) + c_1(\ln A) + c_2(\ln A)^2 + d(\ln T) + \ln e \tag{6-18}$$

式中，c_1 和 c_2 为富裕程度对数系数及其对数二次项系数；I 以研究区能源消费碳足迹（hm^2/人）表示；P 以研究区人口总量（万人）表示；A 以人均 GDP（万元/人）表示；T 以工业废水排放达标率（%）表示。

2. 模型计算与分析

1）STIRPAT 模型计算

采用公式（6-17）、公式（6-18）分析相关因素对研究区能源消费碳足迹的影响程度，得到研究区生态环境与主要相关因素之间的关系。在利用最小二乘法进行回归计算时，方程的拟合优度较好，整体方程的 F 检验也很显著（F=163.519，P=0.00），但是由于所选择的自变量之间存在多重共线性，自变量在 95% 的置信区间内无法通过 t 检验。为克服自变量之间的多重共线性问题，本章应用 SPSS 软件，采用回归函数对方程进行拟合。采用回归函数对 STIRPAT 模型进行拟合，结果如表 6-19 所示，公式（6-18）的拟合优势度为 96.3%，各系数均在 0.05 水平上显著，方程拟合度较好。

表 6-19　STIRPAT 模型拟合结果

项目分类	公式（6-17）	公式（6-18）
常数项	65.367（0.535）	65.741（0.609）
人口总数（$\ln P$）	2.489（0.506）	2.603（0.450）
人均 GDP（$\ln A$）	0.258（0.647）	0.391（1.758）
人均 GDP 平方项（$\ln^2 A$）	—	−0.138（−0.096）

续表

项目分类	公式（6-17）	公式（6-18）
工业废水排放达标率（ln T）	−0.542（−0.420）	−0.314（−0.274）
R^2	0.952	0.963

注：各系数在 0.05 水平（95%置信度）显著；括号内是 t 检验数。

2）影响因素分析

（1）人口。公式（6-17）和公式（6-18）中，人口数量的系数都大于 1，分别为 2.489、2.603，说明增加人口数量引起的环境影响加剧速度超过了它们自身的变化速度。在其他条件不变的情况下，人口数量每增加 1%，将导致碳足迹生态压力增加 2.603%，说明人口数量与生态环境压力之间呈正相关。相关系数显示，人口数量是影响辽宁海岸带环境变化的最重要的因素，其作用远高于其他因子。因此，控制人口数量对改善辽宁海岸带生态环境非常关键。

（2）富裕程度。公式（6-17）和公式（6-18）中，人均 GDP 的系数都小于 1 但大于 0，分别为 0.258、0.391，说明提高富裕程度引起的环境影响加剧速度低于富裕程度自身的变化速度。在其他条件不变的情况下，人均 GDP 对环境压力影响不断上升。由于 ln A 的二次项系数为负值，说明存在倒"U"形环境库兹涅茨曲线，经济发展水平达到一定程度，将会带来碳足迹减少的拐点。

（3）技术。公式（6-17）和公式（6-18）中，工业废水排放达标率的系数都小于 1 但大于−1，分别为−0.542、−0.314，说明提高相关技术，可以降低环境压力，改善生态安全状况。其系数则显示，在影响辽宁海岸带生态环境的相关因素中，技术所起的作用仅次于人口数量。

6.2 辽宁沿海生态安全系统动力学模型

6.2.1 辽宁沿海生态安全动态仿真原理

1. 沿海生态安全系统分析

在生态安全研究中，广泛使用的是压力-状态-响应（P-S-R）模型，在此模型的基础上联合国又建立了驱动力-状态-响应模型（D-S-R），后来又出现这两种模型的拓展或变形模型，但是这两种模型只是评价其生态安全的状况，且模型的通用性不强，如果指标建立不全面，生态安全评价就会受到影响（来雪慧等，2016）。由于辽宁沿海地区的生态安全问题主要体现在人口压力、资源能源消耗、生态环境破坏、海洋污染等方面，影响辽宁沿海人类生活安全、资源安全、环境安全和社会经济安全，因此本书根据该地区生态安全特点，借助于海洋地理学人海（地）

地域关系理论、生态系统理论、海洋社会学及地缘政治经济理论,结合海洋安全战略发展与生态安全研究进展,从人类生活安全(P)、资源安全(R)、环境安全(E)和社会经济安全(SE)四个方面提出 P-R-E-SE 框架,建立基于 P-R-E-SE 框架的人口、资源、环境、社会经济四个子系统,专门剖析影响辽宁沿海地区生态安全的主要因素,重点阐述辽宁沿海地区生态安全的驱动力及导向因素,总结其生态安全特征,对辽宁沿海地区的生态安全状况进行分析及调控。

2. 基于人海关系的生态安全评价模型

沿海生态安全是研究人海关系系统的生态安全,人海关系相互作用的地区包括沿海陆地和近岸海域,根据系统动力学原理,模型的空间边界是辽宁省沿海每一个地级城市的行政边界以及每个市的近岸海域范围边界。模拟时间段为2011~2030 年,步长为 1 年。沿海地区生态安全包括人口、资源、环境与社会经济(P-R-E-SE)四大子系统,人口和社会经济属于人类社会安全,而资源和环境属于自然环境安全。沿海生态安全系统动力学模型结构如图 6-22 所示,沿海生态安全需要人类社会安全和自然环境安全,二者是相辅相成的,相互平衡协调,缺一不可。

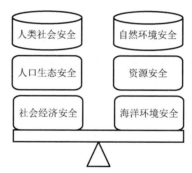

图 6-22　沿海生态安全系统动力学模型结构

在对四大子系统的关联分析及辨识生态安全的时(时间)、空(空间)、量(数量)、势(趋势)和序(秩序)的基础上,本章将系统动力学模型划分为人口、资源、环境与社会经济四子模型,与上述四大子系统相互对应,并且各子模型是相互联系、相互影响和相互制约的。

6.2.2　基于 P-R-E-SE 的生态安全 SD 模型

1. 人口子系统

在人口子系统中,设定出生率、死亡率、人口自然增长率、城市化率等参数,

主要变量有总人口、城镇人口。人口
子系统在整个子系统中占主导地位，
与其他子系统均直接发生作用，如
图 6-23 所示。

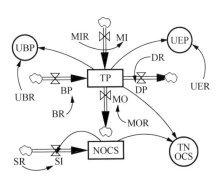

　　模型中主要方程式：

$$BP = TP \times BR$$

$$DP = TP \times DR$$

$$MI = TP \times MIR$$

$$MO = TP \times MOR$$

$$UBP = TP \times UBR$$

$$UEP = TP \times UER$$

$$SI = NOCS \times SR$$

$$TNOCS = TP \times NOCS$$

$$NOCS = INTEG （SI,初始值）$$

$$TP = INTEG （BP+MI-DP-MO,初始值）$$

图 6-23　人口子系统流图

注：TP 为总人口；BP 为出生人口增长量；BR 为出生率；DP 为死亡人口增长量；DR 为死亡率；MI 为迁入人口增长量；MIR 为迁入率；MO 为迁出人口增长量；MOR 为迁出率；UBP 为城镇人口；UBR 为城镇化率；UEP 为失业人口；UER 为失业率；NOCS 为在校大学生数；SI 为大学生增长量；SR 为大学生增长率；TNOCS 为万人在校大学生数

2. 社会经济子系统

　　在社会经济子系统中，主要是经济发展变量，设定国民生产总值、三大产业产值、人均 GDP 等变量，参数为各产业经济增长率，如图 6-24 所示。

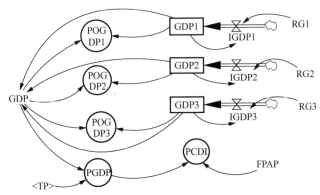

图 6-24　社会经济子系统流图

注：GDP 为国内生产总值；GDP1 为第一产业产值；GDP2 为第二产业产值；GDP3 为第三产业产值；IGDP1 为第一产业增加值；IGDP2 为第二产业增加值；IGDP3 为第三产业增加值；RG1 为第一产业增长率；RG2 为第二产业增长率；RG3 为第三产业增长率；POGDP1 为第一产业占 GDP 比例；POGDP2 为第二产业占 GDP 比例；POGDP3 为第三产业占 GDP 比例；PGDP 为人均 GDP；PCDI 为人均可支配收入；FPAP 为人均可支配收入与人均 GDP 的关系函数

模型中主要方程式：

$PGDP = GDP \times TP$

$PCDI = PGDP \times FPAP$

$IGDP1 = GDP1 \times RG1$

$IGDP2 = GDP2 \times RG2$

$IGDP3 = GDP3 \times RG3$

$POGDP1 = GDP1/GDP$

$POGDP2 = GDP2/GDP$

$POGDP3 = GDP3/GDP$

$GDP = GDP1 + GDP2 + GDP3$

$GDP1 = INTEG$ （IGDP1,初始值）

$GDP2 = INTEG$ （IGDP2,初始值）

$GDP3 = INTEG$ （IGDP3,初始值）

3. 资源子系统

在资源子系统中，设定城市住房面积、耕地面积、水资源承载力、自然保护区面积等变量。资源子系统与人口子系统和经济子系统直接发生作用。资源子系统是整个系统可持续发展的基础，如图 6-25 所示。

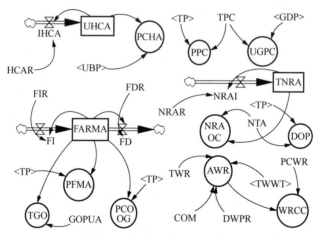

图 6-25　资源子系统流图

注：UHCA 为城市住房建筑面积；IHCA 为住房建筑面积增量；HCAR 为住房建筑面积增长率；PCHA 为人均住房面积；TPC 为总耗电量；PPC 为人均耗电量；UGPC 为单位 GDP 耗电量；FARMA 为耕地面积；FI 为耕地面积增量；FD 为耕地面积减少量；FIR 为耕地面积增长率；FDR 为耕地面积减少率；PFMA 为人均耕地面积；TGO 为粮食总产量；GOPUA 为单位面积粮食产量；PCOOG 为人均粮食产量；TNRA 为自然保护区面积；NRAI 为自然保护区面积增长量；NRAR 为自然保护区面积增长率；NTA 为国土面积；NRAOC 为自然保护区面积覆盖率；DOP 为人口密度；AWR 为可用水资源量；TWR 为水资源总量；COM 为水资源可开采量；DWPR 为生活污水处理率；WRCC 为水资源承载力；PCWR 为人均水资源量；TWWT 为废水处理量

模型中主要方程式：

DOP = NTA/TP

PPC = TPC/TP

UGPC = TPC/GDP

FI = FARMA × FIR

FD = FARMA × FDR

PCHA = UHCA/UBP

PFMA = FARMA/TP

WRCC = PCWR/AWR

PCOOG = FARMA/TP

IHCA = HCAR × UHCA

NRAI = TNRA × NRAR

NRAOC = NTA × TNRA

TGO = FARMA × GOPUA

AWR = (TWR × COM) + (DWPR × TWWT)

UHCA = INTEG （IHCA,初始值）

TNRA = INTEG （NRAI,初始值）

FARMA = INTEG （FARMA,初始值）

4. 环境子系统

在环境子系统中，设定环保投资、三废排放量、污染处理量、海域污染面积等变量。环境子系统与资源子系统通过经济子系统间接发生作用，如图 6-26 所示。

模型中主要方程式：

TWWD = PWWO/TP

TMSWO = PSWO/TP

TWGE = GDP/PGEOG

TWGP = UIGP/TIGT

TMSW = HIR/TMSWO

TSWT = USWT/TIWT

SWRU = TSW/SWCUR

TIOEP = GDP/POEP

TWWE = TWWD/TEIWW

TWWT = UIWT/TIIWT

TSWO = TMSW/TISWO

TIWT = POSW/TIOEP

TIGT = POWG/TIOEP

TIIWT = POWW/TIOEP

TWWITS = TWW/POWITS

CWPA = TWWITS/UCWPS

TEIWW = GDP2/PGIWWO

TISWO=GDP2/PGISWO

TWG=INTEG（TWGE-TWGP，初始值）

TSW=INTEG（TSWO-TSWT，初始值）

TWW=INTEG（TWWE-TWWT，初始值）

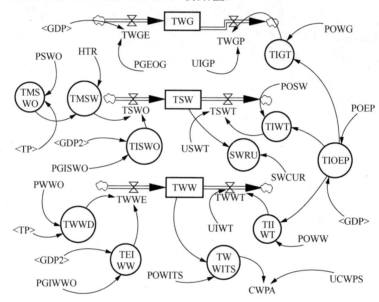

图 6-26　环境子系统流图

注：TWG 为废气总量；TWGE 为废气排放量；TWGP 为废气处理量；PGEOG 为单位 GDP 废气排放量；UIGP 为单位废气处理投资；TIGT 为废气处理总投资；POWG 为废气投资占环保总投入比；TSW 为固废总量；TSWO 为固废产生量；TSWT 为固废处理量；PSWO 为人均生活垃圾产生量；TMSWO 为生活垃圾产生量；HIR 为生活垃圾无害化处理率；TMSW 为生活垃圾总量；PGISWO 为单位工业产值固废产生量；TISWO 为工业固废产生量；USWT 为单位固废处理投资；TIWT 为固废处理总投资；POSW 为固废投资占环保总投入比；SWRU 为固废循环利用量；SWCUR 为固体废物综合利用率；TWW 为废水总量；TWWE 为废水排放量；TWWT 为废水处理量；PWWO 为人均生活污水排放量；TWWD 为生活污水排放量；PGIWWO 为单位工业产值废水产生量；TEIWW 为工业废水排放量；UIWT 为单位废水处理投资；TIIWT 为废水处理总投资；POWW 为废水投资占环保总投入比；TWWITS 为废水排入海洋总量；POWITS 为废水入海比例；CWPA 为近岸海域污染面积；POEP 为环保投资占 GDP 比例；TIOEP 为环保投入；UCWPS 为单位废水污染海洋系数

5. 辽宁沿海生态安全模型总图

将四个子系统合并为一个大系统，进行模拟仿真，图 6-27 为系统动力学仿真模型总图。

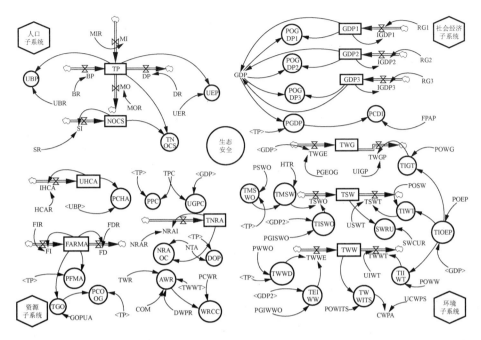

图 6-27 系统动力学仿真模型总图

6.2.3 辽宁沿海生态安全动态仿真与模拟优化

1. 数据收集与处理

1）数据来源

数据获取的原则是权威性、真实性和客观性，在选取过程中，应尽量保证数据的完整性，其中少部分数据是由相关指标计算而得到的（张梦婕等，2015）。本节需要的六个辽宁沿海城市的统计数据与文本资料：关于行政建制与区划、历年总人口、城镇人口、农村人口、人口密度等情况、社会经济发展状况、国内生产总值、财政收入、人均产值、人均收入、产业结构等情况、生态环境保护、三废污染、自然保护区、环境卫生等、土地利用现状（变更）调查资料、自然保护区规划、生态保护和土地利用的规划资料和发展战略等资料来源于国土资源局、旅游局、统计局、环境保护局、交通局、水务局等，其余部分来自《辽宁省统计年鉴》及各相关地市统计年鉴、《中国海洋统计年鉴》《辽宁水资源年鉴》《辽宁省水资源公报》《辽宁省国民经济和社会发展统计公报》及各相关地市统计公报等。为了弥补统计数据的不足，特请专家分析、推算、插值和预估。

2）模型参数的选择与界定

系统动力学模型中所涉及的参数有：常数类，包括常数议程的值，转换系数；调节时间与参考参数值等；水平变量的初始值；表函数等（许端阳等，2015）。根据辽宁沿海研究区背景，变量点间的取值间隔需要估计自变量和因变量的变化范围，确定最大值和最小值，然后再根据实际情况进行确定。根据变量间因果关系极性来确定函数的增减规律，确定函数的变化趋势，建立表函数，再找出特殊点与特殊线，确定非特殊点对应值。对于预测值常采用德尔菲法、趋势外推法、时间序列法、回归统计法和灰色模型法等。

2. 模型检验

模型检验的内容主要有两个方面：一是理论性检验，主要是分析模型边界是否合理，模型变量之间的关系是否正确，参数取值是否有实际意义以及方程量纲是否一致等；二是历史性仿真检验，即选定过去某一时段，将仿真得到的结果与实际结果对比，考察这两者是否吻合，以检验模型是否能有效地代表实际系统（张梦婕等，2015）。建立好流图后对各变量输入合适的数值、函数以及方程式，最后运行调试，进行历史性检验，可以判断该系统是否良好地反映了实际。人口子系统和经济子系统中的变量模拟变化性比较强，参数的调整对整个模型的影响很大，因此选用总人口和 GDP 来进行检验。时间步长 $T=1$，时间边界设为 2011～2030年，其中 2011～2015 年的总人口和 GDP 模拟数值作为检验（表 6-20～表 6-25）。

表 6-20　大连市 2011～2015 年总人口与 GDP 历史检验

指标	年份	模拟值	实际值	误差/%
总人口	2011	588.5	586.4	0.36
	2012	591.0	588.5	0.42
	2013	592.9	590.3	0.43
	2014	594.2	591.4	0.47
	2015	597.4	594.3	0.52
GDP	2011	6149.5	6150.6	-0.02
	2012	6423.3	7002.8	-8.28
	2013	6710.3	7350.8	-8.71
	2014	7011.3	7655.6	-8.42
	2015	7326.9	7800.0	-6.07

注：表中负号代表方向，余表 6-21～表 6-25 同。

从表 6-20 检验结果可以看出，2011～2015 年大连市总人口的模拟值和实际值的相对误差最大值为 0.52%，最小值为 0.36%，GDP 误差最大值为 8.71%，最小值为 0.02%，均不超过 10%，检验结果较为理想，模型较好地反映了实际总人口情况，模型检验有效。

表 6-21　丹东市 2011～2015 年总人口与 GDP 历史检验

指标	年份	模拟值	实际值	误差/%
总人口	2011	241.1	241.1	0.00
	2012	240.7	240.0	0.30
	2013	240.3	239.6	0.27
	2014	239.3	239.5	-0.07
	2015	239.1	239.1	-0.02
GDP	2011	887.7	888.7	-0.11
	2012	963.8	1015.4	-5.08
	2013	1046.4	1107.3	-5.50
	2014	1136.1	1123.2	1.14
	2015	1033.5	984.9	4.93

从表 6-21 检验结果可以看出，2011～2015 年丹东市总人口和 GDP 的模拟值和实际值的相对误差平均不超过 10%，相对误差检验结果较为理想，模型较好地反映了实际总人口情况，模型检验有效。

表 6-22　锦州市 2011～2015 年总人口与 GDP 历史检验

指标	年份	模拟值	实际值	误差/%
总人口	2011	308.3	308.3	0.00
	2012	308.4	307.9	0.15
	2013	308	305.9	0.69
	2014	308.9	305.3	1.19
	2015	308.00	304	1.32
GDP	2011	1116.9	1116.9	0.00
	2012	1210.2	1242.7	-2.62
	2013	1311.2	1344.9	-2.51
	2014	1420.7	1364.0	4.16
	2015	1439.4	1357.5	6.04

从表 6-22 检验结果可以看出，2011～2015 年锦州市总人口的模拟值和实际值的相对误差最大值为 1.32%，最小值为 0，平均误差为 0.67%，GDP 最大值为 6.04%，最小值为 0，不超过 10%，相对误差检验结果较为理想，模型较好地反映了实际总人口情况，模型检验有效。

表 6-23　营口市 2011～2015 年总人口与 GDP 历史检验

指标	年份	模拟值	实际值	误差/%
总人口	2011	235.5	235.5	0.00
	2012	234.9	235.1	-0.08
	2013	234.6	232.5	0.90
	2014	233.8	233.3	0.20
	2015	234.2	234.00	0.09

续表

指标	年份	模拟值	实际值	误差/%
	2011	1224.6	1224.7	0.00
	2012	1281.9	1381.2	-7.19
GDP	2013	1342.0	1413.1	-5.03
	2014	1405.0	1546.0	-9.12
	2015	1471.2	1513.8	-2.81

从表 6-23 检验结果可以看出，2011～2015 年营口市总人口和 GDP 的模拟值和实际值的相对误差均不超过 10%，相对误差检验结果较为理想，模型较好地反映了实际总人口情况，模型检验有效。

表 6-24　盘锦市 2011～2015 年总人口与 GDP 历史检验

指标	年份	模拟值	实际值	误差/%
	2011	131.2	131.2	0.00
	2012	130.8	128.8	1.59
总人口	2013	130.4	129.0	1.07
	2014	130.4	129.2	0.92
	2015	130.6	129.8	0.59
	2011	1119.7	1119.9	-0.02
	2012	1151.4	1245.0	-7.51
GDP	2013	1184.4	1251.1	-5.33
	2014	1218.7	1304.0	-6.55
	2015	1254.3	1267.9	-1.07

从表 6-24 检验结果可以看出，2011～2015 年盘锦市总人口和 GDP 的模拟值和实际值的相对误差最大值为 7.51%，最小值为 0，检验结果较为理想，模型检验有效。

表 6-25　葫芦岛市 2011～2015 年总人口与 GDP 历史检验

指标	年份	模拟值	实际值	误差/%
	2011	281.3	281.3	0.00
	2012	281.2	280.0	0.42
总人口	2013	280.2	279.9	0.10
	2014	280.4	280.7	-0.11
	2015	281.2	281.0	0.08
	2011	650.0	650.1	-0.01
	2012	683.8	719.3	-4.94
GDP	2013	719.3	775.1	-7.20
	2014	756.8	721.5	4.89
	2015	746.2	720.2	3.62

从表 6-25 检验结果可以看出，2011～2015 年葫芦岛市总人口和 GDP 的模拟值与实际值的相对误差最大值为 7.2%，最小值为 0，均不超过 10%，相对误差检

验结果较为理想，模型较好地反映了实际总人口情况，模型检验有效。

3. 演变趋势模拟分析

以 2011 年数据为基准，以人口自然增长率、经济增长率、土地利用变化、污染排放率、政府环保投资比例、GDP 增长率、就业率、人均水资源量等为输入参数，根据以上分析，用系统动力学专用模拟分析软件 Vensim PLE6.3，进行人口、资源、环境与社会经济（P-R-E-SE）四子系统 2011～2030 年各城市现行趋势模拟。如图 6-28～图 6-33 所示。

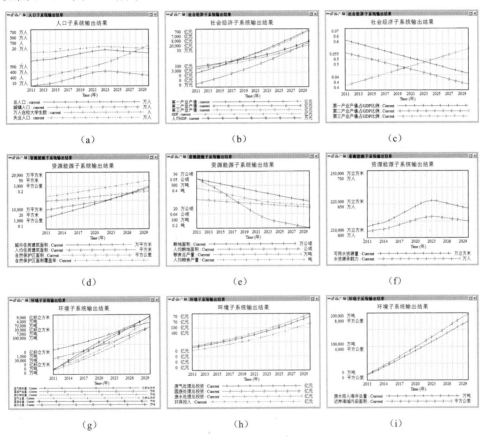

图 6-28　大连市各子系统基础模拟结果

人口是影响生态环境的主导因素。大连市地处辽东半岛南端，由于大连市属于沿海外向型城市，经济较发达，国际化水平高，中科院发布的《中国宜居城市研究报告》显示，大连市宜居指数在全国 40 个城市中排名第四。

大连市旅游人口多，迁入人口不断增多，因此人口增长主要属于机械增长。由图 6-28（a）可以看出，大连市总人口以及城镇人口总体呈增长态势，2011～

2017 年总人口增长较慢，2017 年增长到 605 万人，2017 年后人口增长速度变快，这与国家"二孩"政策的实施有关。2023 年人口增长开始变慢，成为人口增长转折点，但是由于人口基数大，人口减少缓慢，2030 年人口数达到 615.5 万人。在城市城镇化率不断提高的同时，由于逆城市化的发展，大连市城镇人口从 2030 年开始下降。过快增长的人口给大连市带来更大的压力，引发交通拥挤、住房紧张、土地资源紧缺、就业问题等，使大连市生态安全面临新的挑战。

大连市经济增长较快，人均 GDP 和 GDP 在六个城市中居首位，由图 6-28（b）和图 6-28（c）社会经济子系统模拟结果可以看出，2020 年 GDP 达到 9153 亿元，2025 年达到 11 480 亿元。根据图 6-28（c）三大产值占 GDP 比例来看，第二产业和第三产业的发展比较迅速，而第一产业发展缓慢，其中第三产业发展速度超过第一和第二产业，所占 GDP 比例越来越高，符合经济发展产业结构升级和优化的规律。经济快速发展带来的环境污染同样增多，超过环境的自我修复能力，对生态环境的破坏也越来越大。

资源能源子系统输出结果如图 6-28（d）、（e）、（f）所示，大连市资源能源影响因子较多。大连市人口众多，资源能源短缺。大连市房地产开发速度快，城市住房面积不断上涨。大连市自然保护区面积较大，但耕地资源和水资源却不容乐观，耕地面积处于不断减少的趋势，由于耕地减少，粮食产量也在不断减少。从水资源来看，大连市人均日常用水量较大，且水资源短缺，总人口早已超出大连市水资源承载力，但由于大连市污水处理率较高，大连市可用水资源量仍然较高。人口和经济增长长期所带来的资源压力将会成为影响生态安全的制约因素。

生态环境的健康是整个生态安全的重要保障。环境子系统输出结果如图 6-28（g）、（h）、（i）所示，从图中可以看出，基础模拟结果不容乐观，随着人口的增加和经济发展，污染排放量增加，三废污染总量逐年增加，而环保投入相对于三废总量增长较缓慢。大连市工业发达，60% 的企业污水排入海洋，对近岸海域造成污染，如不加控制，污染面积将持续增长，将在 2025 年达到巅峰。大连市环境污染投资在六个城市中最大，但是从生态安全的意义上来说，环保投资仍然不足。因此，为了降低环境对生态安全的影响，必须加大环保投入。

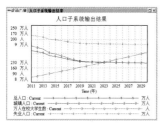
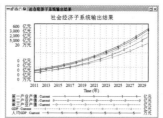
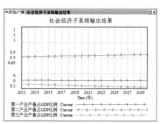

　　　　（a）　　　　　　　　　　（b）　　　　　　　　　　（c）

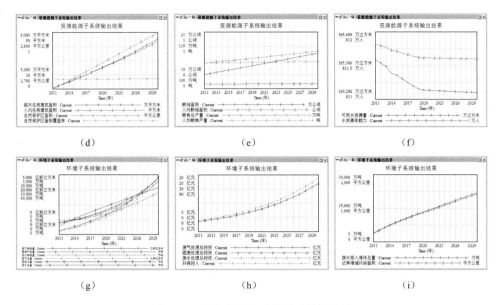

图 6-29　丹东市各子系统基础模拟结果

　　丹东市地处辽宁省东南部，属于中国边境城市，人口密度较小，由于生态环境保护工作做得相对较好，丹东市被誉为"中国最大最美的边境城市"。但是，丹东市近几年社会经济的发展和旅游人数的增多也使生态环境遭到破坏，必须继续保持生态安全健康发展。

　　由于迁入人口较少，人口自然增长率较低，近年来，丹东市总人口整体呈现下降趋势。丹东市总人口下降缓慢，如图 6-29（a）所示，得益于城市经济的发展，城镇人口上升，失业人口下降。丹东市的人口对其生态安全的土地压力程度较小。

　　丹东市人均 GDP 和 GDP 在六个城市居于第五位，由图 6-29（b）和图 6-29（c）可以看出，2025 年 GDP 将达到 2810 亿元，比 2015 年翻一番。丹东市工业基础雄厚，轻工业发达，服务业发展迅速，从三大产值占 GDP 比例来看，第二产业所占比例最高，第一产业所占比例最低，第三产业的发展比较迅速。由于丹东市轻工业发达，水污染也比较严重，对其境内河流污染影响较大。

　　资源能源子系统输出结果如图 6-29（d）、（e）、（f）所示，丹东市城市住房面积增长快速，人均住房面积大。境内林业资源丰富，森林覆盖率高达 66%，因此自然保护区面积呈增长趋势。耕地面积较大，粮食单位面积产量较高，人均粮食产量平稳增长。境内河流众多，水资源丰富，人均资源总量很高，是全国人均水平的 1.5 倍，水资源承载力也较高，人口可容量较大。

　　虽然丹东市生态环境较好，但是由于工业发达，三废排放量依然很大，从图 6-29（g）、（h）、（i）中可以看出，三废排放量逐年增加。由于丹东市对环保投入比较高，因此工业、生活等废物达标处理率高，生产生活产生的固体废物较少。

但是轻工业发达，废水排放量高，废水对河流和海洋的污染比较严重，海洋污染面积逐年扩大，为了降低水环境对生态安全的影响，必须提高污水处理率。

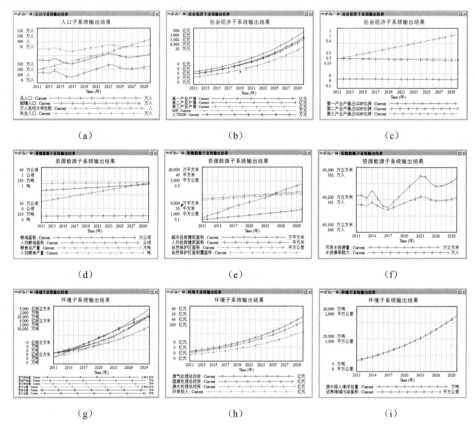

图 6-30　锦州市各子系统基础模拟结果

锦州市地处辽宁省西南部，位于"辽西走廊"的东部，是辽宁沿海第二大城市，经济发展水平排第四位，是连接东北内陆与渤海的"黄金走廊"，也是重要的沿海开放城市，已被纳入辽宁沿海经济带国家战略，其生态安全尤为重要。

锦州市面积比较大，人口适中，人口密度排第四位，近几年人口出现负增长的状况，根据图 6-30（a）人口子系统输出结果可以看出，2011 年锦州市人口为308.3 万人，2014 年人口却降到 305.3 万人，人口自然增长率为负值。"二孩"政策实施后，锦州市总人口有了小幅度的回升，但由于锦州市是东北老工业基地，经济发展饱和，迁入人口也较少，人口增长仍然很慢，按照当前增长水平，2030年总人口将增长到 310 万人。城镇人口总体保持与总人口同样的增长率。区域内经济较发达，人口失业率较低。

锦州市经济在六市中排第四位。由于东北老工业基地产业结构调整，锦州市服务业、区域物流蓬勃发展，第三产业产值增长较快，图 6-30（b）可以看出第三产业产值占 GDP 比例逐年上升。锦州市发展新兴电子技术产业，第二产业产值比例有下降的趋势，2015 年全年规模以上工业经济增加值比 2014 年下降 3.5%。第一产业产值增长幅度较小，占 GDP 比例最小，基本保持平稳，如图 6-30（c）所示。

　　锦州市耕地面积最大，粮食总产量高，根据模拟结果图 6-30（d）可以看出，2015 年锦州市耕地面积为 35.78 hm²，耕地面积在 2015 年后有小幅上涨，粮食总产量随着耕地面积的增长逐年上涨。由于锦州市面积大，人均住房面积最大，且随着经济的发展，城市扩大，城镇住房建筑面积会不断增长，如图 6-30（e）所示。锦州市人工造林、封山育林，森林覆盖率比较高，但年降水量小、河流流量变化大、含沙量大，可开采率不高，导致可用水资源量过低，水资源承载力小，从图 6-30（f）中可以看出水资源承载力在 161 万人。

　　图 6-30（g）、（h）、（i）为锦州市环境子系统输出结果。锦州市是中国重要的工业城市，工业发达，但是污染废物排放量也高，过高的"三废"排放量严重影响了锦州市的生态环境。为了治理环境污染，锦州市环保投入很高。2016 年锦州市环保投资为 35 亿元，2020 年增长到 48 亿元，但是"三废"排放量却没有下降的趋势。一味地发展经济而不进行生态环境保护，锦州市"先污染后治理"，对生态环境保护重视程度不够。

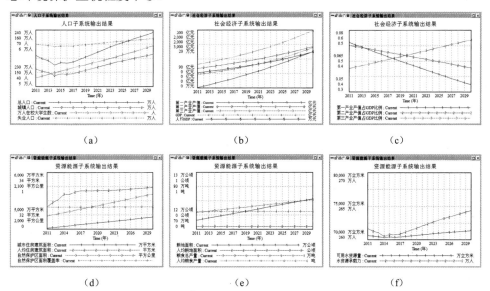

（a）　　　　　　　　　　　　　（b）　　　　　　　　　　　　　（c）

（d）　　　　　　　　　　　　　（e）　　　　　　　　　　　　　（f）

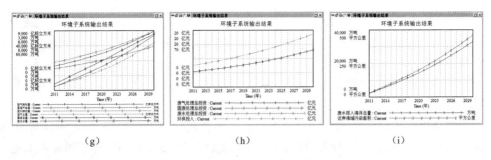

图 6-31　营口市各子系统基础模拟结果

营口市位于辽东半岛中枢,渤海东岸,地处辽河河口处,是全国首批沿海开放城市,是现代化的港口城市。其物产丰盛、交通便利,是东北地区重要的出海口,也是"十三五"规划中"一带一路"倡议重要的交通节点之一,经济发展水平排第三位。

由图 6-31(a)可以看出,虽然 2011~2016 年营口市人口总量呈下降趋势,出现负增长的状况,但 2017 年后人口总量将会上升,2030 年为 239.6 万人,比 2015 年增长了 5.6 万人,增长率比较低。营口市是老东北民族工业基地,随着经济的发展,城市化率上升,城镇人口增加。人口失业率较低,但失业人口会小幅增加。营口市面积比较小,总人口偏多,人口密度高,人口因子对生态安全的影响较大。

营口市是中国最早兴办的近代工业城市和民族工业发祥地之一,已成为中国经济社会发展最快的城市之一。传统工业方面,营口市在石油化工、轻纺、印染等方面比较发达。新兴产业是营口经济发展的支柱产业。由图 6-31(b)和图 6-31(c)社会经济子系统模拟结果可以看出 2020 年 GDP 达到 1854.7 亿元,2025 年达到 2970 亿元,2015 年人均 GDP 为 6.5 万元,2030 年为 12.4 万元。根据图 6-31(c)三大产业产值占 GDP 比例来看,第三产业发展速度超过第一和第二产业,第三产业产值占 GDP 的比例也越来越高,符合营口市经济发展、产业结构调整的规律。

营口市人口众多,资源能源短缺,如图 6-31(d)、(e)、(f)所示。虽然人均住房面积随着城市住房面积的缓慢增长有小幅上涨,但是营口市面积小,人口密度较大,人均住房面积在六市中最小;营口市耕地面积也较小,但单位面积粮食产量高,人均粮食产量多,粮食总产量呈现上升趋势。尽管境内有大辽河过境,但由于人口多,且人均日常用水量较大,水资源短缺严重。但城镇污水处理率高,水资源承载力有逐年上升的趋势,从图 6-31(f)可以看出,2030 年水资源承载力为 264 万人。资源压力将会成为影响生态安全的主要制约因素。

图 6-31(g)、(h)、(i)为营口市环境子系统输出结果。营口市是辽宁省重要的工业城市,工业发达,污染废物排放量高,过高的"三废"排放量严重影响了

锦州市的生态环境。近几年新技术产业兴起，为了治理环境污染，营口市环保投入渐渐提高，三废总量增长速度放缓。但是废水排放量较高，境内企业工厂废水处理率低，并且几乎全部排入海洋，不易扩散，海域污染面积大，严重影响生态环境。

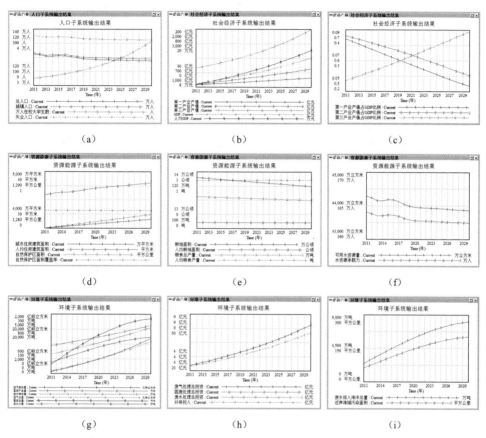

图 6-32　盘锦市各子系统基础模拟结果

盘锦市地处辽河三角洲的中心地带，总面积为 4071 km²，是辽宁沿海面积最小的城市。盘锦市地下有丰富的煤、石油、天然气、硫等矿藏，盘锦市依托石油而建，因油而兴，是一座新兴的石油化工城市，辽河油田是中国的陆地大油田，坐落于此。

由图 6-32（a）可以看出，2011～2030 年盘锦市总人口呈现负增长的状况，但降低缓慢，2015 年人口总量为 129.3 万人，到 2030 年人口总量为 128.7 万人。盘锦市是东北老工业基地，城市化率高，城镇人口多，但由于城市经济以石油工业为主，受当地产业结构转型的影响，城镇人口逐渐减少，但幅度仍较慢。经济发达，失业人数较少。随着对教育的投入加大，大学生数逐渐增多。盘锦市面积小，总人口适中。

盘锦市依托丰富的自然资源，形成了以油气开采为龙头，以石油化工、合成树脂和装备制造等为主的工业体系。盘锦市 GDP 增长快，人均 GDP 常年位居辽宁省第一，由图 6-32（b）和图 6-32（c）社会经济子系统模拟结果可以看出，盘锦市三大产业产值增长速度均很快，GDP 增长率很高，2025 年 GDP 达到 1704 亿元，2030 年达到 2014.7 亿元，2025 年人均 GDP 为 13 万元，2030 年将达到 15 万元。根据图 6-32（c）三大产业产值占 GDP 比例来看，虽然盘锦市第二产业发展速度快，但是盘锦经过持续的产业结构调整，第三产业发展速度将超过第一和第二产业。盘锦市产业结构调整后重点发展精细化工及石化、石油装备、新材料、船舶产业等。

盘锦市资源能源输出结果如图 6-32（d）、（e）、（f）所示。虽然城市住房建筑面积较小，且增长幅度慢，但是盘锦市人口适中，人均住房面积较大；盘锦市自然保护区面积较小，耕地面积小，但盘锦市具有发展农业得天独厚的条件，境内土地肥沃，单位面积粮食产量高，人均粮食产量多。由于第三产业的发展，务农人员减少，加上退耕还林，使得盘锦市粮食总产量有下降的趋势，但是盘锦市仍有 2 万多公顷土地可以开垦利用，且沿海滩涂逐年扩大，粮食总产量整体仍较高。境内有大、中、小河流 20 多条，总流域面积 3570 km^2，水资源较丰富，但工业发达，水资源承载力较低，从图 6-32（f）可以看出盘锦市水资源承载力约为 165 万人。

盘锦市主要是油田工业，区域内石化炼油产业发展对生态环境的干扰日益增大，图 6-32（g）、（h）、（i）为环境子系统输出结果。由于石油工业发展，污染物较多，且增长速度快，其中废水排放量增长速度最快，盘锦市对环境污染治理投资较多，占 GDP 比例位于研究区前列。为了使盘锦市的生态安全健康发展，必须减少石油化工产业的废物排放量。

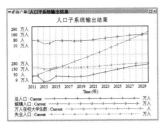

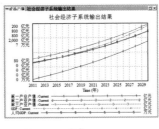

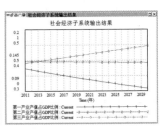

| (a) | (b) | (c) |

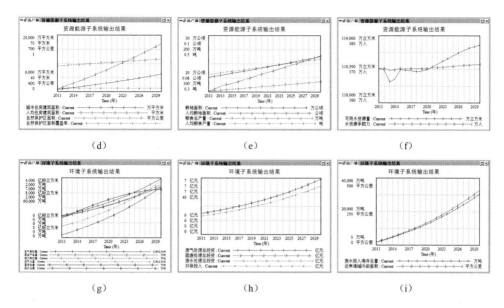

图 6-33　葫芦岛市各子系统基础模拟结果

葫芦岛市，原名锦西，地处辽宁省西南，总面积 10 415 km²。葫芦岛市扼关内外之咽喉，是中国东北的西大门，为山海关外第一市。葫芦岛与大连、营口、秦皇岛、青岛等市构成环渤海经济圈，是环渤海湾最年轻的城市，被誉为"北京后花园"。市内有多处优秀旅游景点，是中国优秀的旅游城市、国家森林城市。其生态安全基础模拟状况分析如下：

葫芦岛市面积大，但是人口总数少，人口密度小。由图 6-33（a）可以看出，2015～2030 年总人口增长缓慢，2015 年总人口为 281.2 万人，到 2030 年总人口为 283.2 万人，可见人口自然增长率较低。尽管国家"二孩"政策放开，但是葫芦岛市社会经济发展较慢，人口增长速度慢。葫芦岛市城镇人口总体呈增长态势，但城镇化率低，城镇人口较少，农业人口多。葫芦岛市失业率在六个城市中较高，失业人口多。

中华人民共和国成立后，党和国家把葫芦岛地区作为重要工业地区建设，工业发展迅速，工业基础雄厚，形成了以石油化工、机械造船、能源电力、有色金属为支撑的现代化工业体系。由图 6-33（b）和图 6-33（c）社会经济子系统模拟结果可以看出，葫芦岛市 2020 年 GDP 达到 1027.5 亿元，2030 年达到 1717.8 亿元，根据图 6-33（c）产值占 GDP 比例来看，第二产业发展比较平稳，但比例仍较高，第一产业发展减缓，其中第三产业发展速度超过第一和第二产业，第三产业产值占 GDP 的比例逐渐增高，葫芦岛市的经济发展潜力大。

资源能源子系统输出结果如图 6-33（d）、（e）、（f）所示。葫芦岛市内资源能源颇丰富，近几年房地产开发速度快，城市住房面积不断上涨；耕地面积大，粮食单位面积产量比较高。森林资源丰富，森林覆盖率高，自然保护区面积较大；境内水资源总量丰富，人均水资源量较低，城市污水处理率较高，可用水资源量逐渐增高，水资源承载力370万人左右。尽管葫芦岛市相比其他城市资源较丰富，但是面对人口和经济的增长，资源能源的消耗加大，对资源产生压力，终将会成为影响生态安全的制约因素。

环境子系统输出结果如图6-33（g）、（h）、（i）所示，从图中可以看出，基础模拟结果不容乐观，国家重点发展炼油厂、水泥厂、硫酸厂，开发煤矿，"三废"污染总量逐年增加，但环保投入的增长相对于三废总量增长的程度来说较慢，说明环境污染治理不太有效。"三废"中固废排放量最高，对生态环境的影响较大。葫芦岛市位于渤海湾，市内多数工厂污水排入海洋，对近岸海域造成严重污染。因此，为了降低"三废"对生态安全的影响，必须提高环保投入比例，加强污染治理。

4. 调整参数模拟优化

生态安全问题是沿海地区可持续发展的关键问题，通过对以上六个城市的基础模拟，结果并不乐观，因此，我们通过调整参数，对沿海地区进行模拟优化。生态安全模拟优化的意义在于，一个地区所有发展行为都必须能同时使经济生产得到发展、人民生活得到提高、自然生态得到改善。其中"发展行为"包括政府的规划与决策、经济生产活动，公众涉及社会与自然发展的行为等。不仅使生态、生活、生产分别得到改善、提高和发展，而且更重要的是使三者达到共赢（杨浩雄等，2014；王婷睿，2014；刘承良等，2013）。本节通过全面调整各子系统参数，进行模拟优化仿真，以期提高沿海地区生态安全等级。

1）参数值的选取及调整

人口子系统需要调整的参数分别是人口自然增长率和城市化率，影响生态安全的人口指标要素。

社会经济子系统需要调整的参数是三大产业的增长率，影响生态安全的经济指标要素。

资源子系统需要调整的参数分别是住房建筑面积增长率、耕地面积增长率、生活污水处理率、自然保护区面积增长率、人均水资源量，影响生态安全的资源指标要素。

环境子系统需要调整的参数有环境保护投资占GDP比例、废水入海比例、单位废水污染海洋系数，影响生态安全的环境指标要素。

参数值根据国家"十三五"规划纲要和辽宁省各沿海城市的"十三五"规划纲要以及近几年人民政府工作报告中的预期目标进行选取，其余参数值根据统计资料推算得到。辽宁沿海各城市需要调整的参数以及参数值如表6-26所示，模拟优化如图6-34～图6-39所示。

表6-26　辽宁沿海各城市生态安全系统模拟调整前和调整后的主要参数值

系统	参数	大连市		丹东市		锦州市		营口市		盘锦市		葫芦岛市	
		调整前	调整后	调整前	调整后	调整前	调整后	调整前	调整后	调整前	调整后	调整前	调整后
人口子系统	NR/‰ 人口自然增长率	3.4*	-0.5	0.96*	1.56	-2.5	0.9	2.9*	2.6	1.6*	1.8	1.9*	2.2
社会经济子系统	UBR/% 城市化率	68*	79	69*	75	59*	62.5	65	70	85*	90	0.56*	0.69
	RG1/% 第一产业增长率	3	3.5	8.4*	8.2	8	7.8	3*	3.5	0.7*	0.72	3.5	3.7
	RG2/% 第二产业增长率	3.4	3.2	9*	8.8	8	8.2	4*	3.8	2	2.2	5	5.2
	RG3/% 第三产业增长率	6	6.5	8*	8.5	9	9.5	6*	6.7	6*	6.5	6	6.5
	HCAR/% 住房建筑面积增长率	2	2.4	2.2	2.6	1	2	0.2*	0.24	0.198*	0.22	2.5	2.7
	FIR/% 耕地面积增长率	-0.8*	-0.6	0.2	0.4	0.162	0.12	0.16*	0.17	-0.059	-0.04	0.8*	1
资源子系统	DWPR/% 生活污水处理率	90*	96	90	95	85*	93	90*	95	87*	95	85*	95
	NRAR/% 自然保护区面积增长率	0.8	0.9	0.19	0.3	0.7	0.6	0.1	0.11	0.01	0.012	0.1	0.12
	PCWR/m³ 人均水资源量	400	350	450	520	250*	270	270*	250	270	280	320	310
	POEP/% 环境保护投资占GDP比例	2.3	3	2	2.3	2.1	2.3	2.2*	2.5	2.023*	2.3	2	2.3
环境子系统	POWITS/% 废水入海比例	60	50	69	59	60	50	60	50	66	50	59.8	45
	UCWPS/% 单位废水污染海洋系数	4.5	3.4	6.5	4.5	9	6.7	1.4	1.2	2.23	1.94	1.345	1.05

注：带*的数值是推算或专家计算得到的，其他值均为已有指标值。

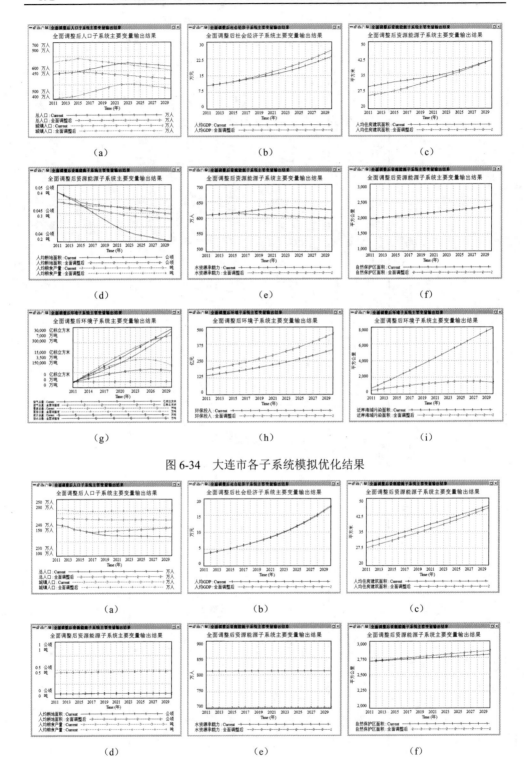

图 6-34　大连市各子系统模拟优化结果

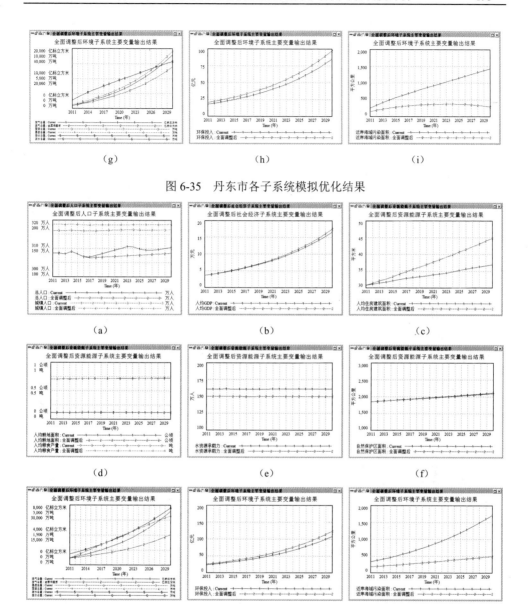

图 6-35　丹东市各子系统模拟优化结果

图 6-36　锦州市各子系统模拟优化结果

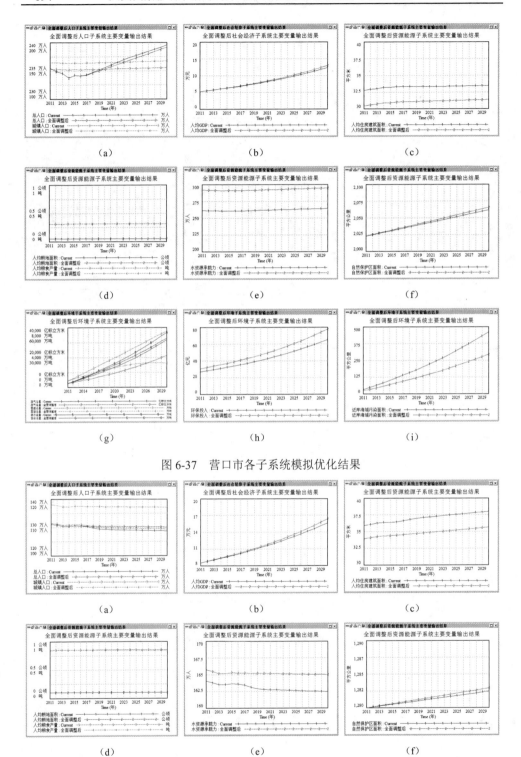

图 6-37　营口市各子系统模拟优化结果

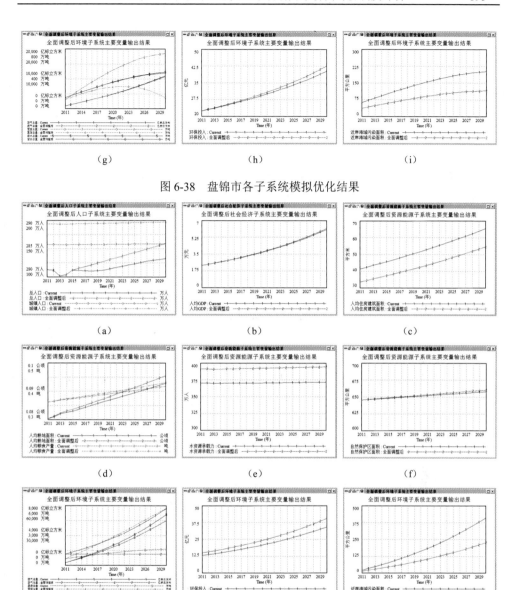

图 6-38　盘锦市各子系统模拟优化结果

图 6-39　葫芦岛市各子系统模拟优化结果

2）调控变量的选取

调整参数主要是改变能够反映实际状况的变量，根据调整的参数，所要调控的主要变量如表 6-27 所示，这些变量将作为生态安全协调度评价的主要指标。

表 6-27　辽宁沿海城市系统动力学模型模拟优化的主要变量

子系统	变量	解释
人口子系统	TP/万人	总人口
	UBP/万人	城镇人口
社会经济子系统	PGDP/万元	人均 GDP
	PCHA/m²	人均住房建筑面积
	PFMA/hm²	人均耕地面积
资源子系统	PCOOG/t	人均粮食产量
	WRCC/万人	水资源承载力
	TNRA/km²	自然保护区面积
	TWG/万 t	废气总量
	TSW/万 t	固废总量
环境子系统	TWW/万 t	废水总量
	TIOEP/亿元	环保投入
	CWPA/km²	近岸海域污染面积

6.3　沿海生态安全协调度评价

通过调整模型中的参数，得到辽宁沿海城市各主要变量 2011～2030 年的模拟优化数据（仿真数据见附录），根据此数据，使用极差标准化法和综合指数法，计算辽宁沿海城市基础模拟和模拟优化后的生态安全协调度，对比结果，评价辽宁沿海六个城市生态安全状况。

1. 模拟数据处理与标准化

为了使各项指标的量纲统一，具有可比性，本节分别对负向、中向和正向指标进行标准化（任阳阳等，2016；冯彦等，2016；曹瑀等，2016；于潇等，2016；杨小鹏，2007；王伟武，2005；Wan et al.，2013）。公式如下：

$$R = \begin{cases} 1 & 0 \leqslant X \leqslant a_1 \\ (a_2 - X)/(a_2 - a_1) & a_1 < X < a_2 \\ 0 & X \geqslant a_2 \end{cases} \quad (6\text{-}19)$$

$$R = \begin{cases} 2(X - a_1)/(a_2 - a_1) & a_1 \leqslant X \leqslant a_1 + (a_2 - a_1)/2 \\ 2(a_2 - X)/(a_2 - a_1) & a_1 + (a_2 - a_1)/2 \leqslant X \leqslant a_2 \\ 0 & X > a_2 \text{或} X < a_1 \end{cases} \quad (6\text{-}20)$$

$$R = \begin{cases} 1 & X \geqslant a_2 \\ (X - a_1)/(a_2 - a_1) & a_1 < X < a_2 \\ 0 & 0 \leqslant X \leqslant a_1 \end{cases} \quad (6\text{-}21)$$

式中，R 为标准化值；X 为指标测量值原始数据；a_2、a_1 分别为上下限，其大小分别取原始测量数据最大值和最小值增加、减少 10%后所得数据。

2. 评价指标数据权重

确定指标权重是评价的关键。确定权重的方法有变异系数法、熵值法、层次分析法、主成分分析法等，优缺点各异（任阳阳等，2016；白雪梅等，1998）。本节选择变异系数法确定权重。公式如下：

$$V_i = \frac{\sigma_i}{\overline{x}_i} \quad (i=1,2,\cdots,n) \tag{6-22}$$

式中，V_i 为第 i 项指标的变异系数；σ_i 为第 i 项指标的标准差；$\overline{x}_i$ 为第 i 项指标的平均数。

各项指标的权重为

$$W_i = \frac{V_i}{\displaystyle\sum_{i=1}^{n} V_i} \tag{6-23}$$

各指标的综合权重、基础模拟数据指标权重如表 6-28 所示，调整参数后模拟数据指标权重如表 6-29 所示。

表 6-28　基础模拟数据指标权重

指标	2011 年	2013 年	2015 年	2017 年	2020 年	2022 年	2025 年	2027 年	2030 年
总人口	0.0735	0.0731	0.0767	0.0793	0.0823	0.0839	0.0805	0.0851	0.0847
城镇人口	0.0946	0.0938	0.0985	0.1017	0.1050	0.1068	0.1075	0.1082	0.1077
人均GDP	0.0758	0.0710	0.0697	0.0668	0.0626	0.0600	0.0552	0.0563	0.0557
人均住房建筑面积	0.1150	0.1145	0.1066	0.1006	0.0955	0.0938	0.1379	0.0888	0.0873
人均耕地面积	0.0680	0.0650	0.0658	0.0654	0.0648	0.0643	0.0506	0.0645	0.0641
人均粮食产量	0.0908	0.0903	0.0945	0.0971	0.0945	0.0925	0.0690	0.0902	0.0885
水资源承载力	0.0884	0.0873	0.0909	0.0927	0.0951	0.0963	0.1141	0.0985	0.0991
自然保护区面积	0.0506	0.0499	0.0518	0.0528	0.0541	0.0548	0.0574	0.0561	0.0565
废气总量	0.0589	0.0600	0.0603	0.0606	0.0615	0.0621	0.0485	0.0638	0.0646
固废总量	0.0606	0.0798	0.0641	0.0605	0.0602	0.0611	0.0608	0.0665	0.0728
废水总量	0.0390	0.0383	0.0399	0.0407	0.0419	0.0425	0.0445	0.0438	0.0443
环保投入	0.1407	0.1368	0.1401	0.1405	0.1401	0.1390	0.1288	0.1343	0.1301
近岸海域污染面积	0.0441	0.0402	0.0410	0.0414	0.0423	0.0428	0.0454	0.0439	0.0443

表 6-29　调整参数后模拟数据指标权重

指标	2011 年	2013 年	2015 年	2017 年	2020 年	2022 年	2025 年	2027 年	2030 年
总人口	0.0764	0.0687	0.0705	0.0720	0.0733	0.0743	0.0751	0.0753	0.0847
城镇人口	0.1088	0.0975	0.1000	0.1023	0.1043	0.1056	0.1069	0.1073	0.1077
人均GDP	0.0787	0.0667	0.0640	0.0623	0.0600	0.0587	0.0570	0.0561	0.0557
人均住房建筑面积	0.0759	0.1602	0.1508	0.1351	0.1190	0.1086	0.0989	0.0947	0.0873

续表

指标	2011 年	2013 年	2015 年	2017 年	2020 年	2022 年	2025 年	2027 年	2030 年
人均耕地面积	0.0707	0.0874	0.0888	0.0912	0.0941	0.0963	0.0991	0.1009	0.0641
人均粮食产量	0.0943	0.0921	0.0943	0.0967	0.0995	0.1015	0.1038	0.1049	0.0885
水资源承载力	0.0801	0.0748	0.0762	0.0781	0.0803	0.0818	0.0835	0.0844	0.0991
自然保护区面积	0.0521	0.0465	0.0473	0.0485	0.0501	0.0511	0.0524	0.0530	0.0565
废气总量	0.0612	0.0424	0.0393	0.0394	0.0408	0.0422	0.0441	0.0453	0.0646
固废总量	0.0590	0.0534	0.0571	0.0597	0.0607	0.0602	0.0573	0.0543	0.0728
废水总量	0.0405	0.0360	0.0369	0.0381	0.0399	0.0413	0.0440	0.0470	0.0443
环保投入	0.1532	0.1350	0.1354	0.1367	0.1372	0.1374	0.1362	0.1347	0.1301
近岸海域污染面积	0.0490	0.0392	0.0395	0.0400	0.0406	0.0410	0.0417	0.0421	0.0443

3. 生态安全协调度评价

综合评价才能全面反映生态安全状况（郭亚军，2006；张继全，2011）。生态安全综合评价指数 R 的公式如下：

$$R = \sum_{j=1}^{n} W_j Z_{ij} \quad (j=1,2,\cdots,n) \tag{6-24}$$

式中，W_j 为各评价指标的权重；Z_{ij} 为各评价指标的无量纲化值，R 值越大，生态安全度越高。

$$S = \sum_{i=1}^{3} \left(\sum_{j=1}^{n} R_{ij} w_{ij} \right) W_i \tag{6-25}$$

式中，S 为生态安全协调度；R_{ij} 为第 i 个子系统第 j 个评价指标的标准化值；w_{ij} 为第 i 个子系统下第 j 个评价指标对应的权重；W_i 为第 i 个子系统的权重；$\sum_{j=1}^{n} R_{ij} w_{ij}$ 表示第 i 个子系统的评价值，表示各个子系统的可持续发展状况。

4. 生态安全评价结果分析

根据公式（6-25）计算生态安全协调度指数，结果如表 6-30 和表 6-31 所示。

表 6-30　基础模拟生态安全协调度指数

年份	大连市	丹东市	锦州市	营口市	盘锦市	葫芦岛市
2011	0.5115	0.4023	0.4087	0.2475	0.4878	0.3384
2013	0.4754	0.3680	0.4250	0.1843	0.3962	0.3624
2015	0.4973	0.3827	0.4372	0.1835	0.3936	0.3606
2017	0.5062	0.4090	0.4484	0.1841	0.3929	0.3509
2020	0.5174	0.4391	0.4595	0.1845	0.3922	0.3407
2022	0.5225	0.4578	0.4664	0.1847	0.3917	0.3330
2025	0.5085	0.4748	0.4171	0.1837	0.3885	0.3240
2027	0.5293	0.4914	0.4877	0.1820	0.4259	0.3180
2030	0.5292	0.5072	0.4988	0.1759	0.4100	0.3060

表 6-31　调整参数后生态安全协调度指数

年份	大连市	丹东市	锦州市	营口市	盘锦市	葫芦岛市
2011	0.5502	0.3939	0.4416	0.2169	0.4921	0.3635
2013	0.4929	0.4193	0.4142	0.2019	0.4824	0.3602
2015	0.4984	0.4463	0.4335	0.2203	0.4589	0.3671
2017	0.5070	0.4644	0.4537	0.2276	0.4478	0.3683
2020	0.5221	0.4890	0.4755	0.2370	0.4377	0.3733
2022	0.5373	0.5024	0.4877	0.2416	0.4319	0.3765
2025	0.5546	0.5116	0.5030	0.2700	0.5100	0.4040
2027	0.5629	0.5301	0.5121	0.2934	0.4823	0.4481
2030	0.5717	0.5448	0.5245	0.3689	0.4668	0.4531

根据基础模拟和全面调整参数后的生态安全协调度指数，分析各城市生态安全协调度演变趋势，评价生态安全状况。

（1）大连市生态安全协调度演变趋势。大连市在全研究区中生态安全水平一般，但是在平均线以上，得益于大连市经济发达，环境治理比较好。从大连市生态安全协调度的演变趋势中不难看出，2011～2015 年大连市的生态安全协调度呈现下降趋势，2016 年后基础模拟结果虽略有提高，但在 2027 年后开始呈现下降趋势，生态安全缓慢恶化（图 6-40）。在全面调整后大连市生态安全协调度比基础模拟有所提高，2020 年生态安全协调度缓慢上升，生态安全水平将会提高。

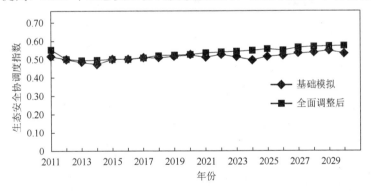

图 6-40　大连市生态安全演变趋势图

（2）丹东市生态安全协调度演变趋势。丹东市的生态安全状况较好，在辽宁沿海地区居于首位。由于丹东市人口密度较低，所以生态安全协调度不会太高。由图 6-41 可以看出，2011～2015 年丹东市的生态安全协调度呈现先下降后上升的趋势，2016 年后丹东市在基础模拟演变中波动较大，而全面调整后生态安全协调度趋于平稳，并且缓慢上升，2027 年后生态安全达到较安全状态。

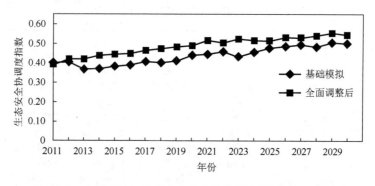

图 6-41　丹东市生态安全演变趋势图

（3）锦州市生态安全协调度演变趋势。锦州市人口密度较大，工业"三废"数量较大，对生态环境污染重视程度不够，生态安全状况刚处于平均线之上。由图 6-42 可以看出，2011～2015 年锦州市生态安全协调度变化较平稳，2016 年后基础模拟生态安全协调度总体趋势是先降后升，但下降幅度大于上升幅度。全面调整后锦州市生态安全协调度平稳提升。

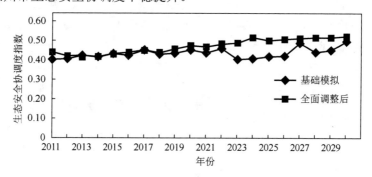

图 6-42　锦州市生态安全演变趋势图

（4）营口市生态安全协调度演变趋势。相比较而言，营口市的生态安全协调度最差，人口密度较大，对环境压力较大；自然保护区面积较小，可视为极不安全。从图 6-43 营口市生态安全演变趋势中可以看出，2011～2015 年营口市生态安全协调度缓慢下降，2016 年后营口市生态安全虽然最差，但基础模拟生态安全协调度较平稳，这是由于营口市政府对生态环境的治理，营口市生态安全没有继续恶化的趋势。全面调整后，生态安全状况有了明显的改善，说明调控有效。2020 年后生态安全协调度开始慢慢上升，到 2030 年营口市的生态安全协调度达到最高，生态安全水平提升最快。但是营口市全面调整后的生态安全协调度过于理想化，营口市仍达不到实际对生态环境的治理效果。

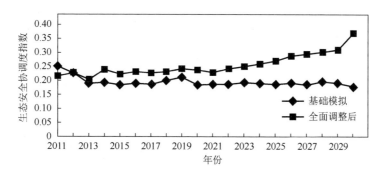

图 6-43　营口市生态安全演变趋势图

（5）盘锦市生态安全协调度演变趋势。石化炼油产业发展对生态环境的干扰日趋增大，污染物较多，但盘锦市对于环境污染治理投资较多，因此盘锦市的生态安全状况在全研究区中处于一般水平。由图 6-44 可以看出，2011～2015 年盘锦市生态安全协调度呈现缓慢下降趋势，2016 年后基础模拟结果生态安全协调度前段波动较平稳，中段开始波动下降，但下降幅度不大，后段波动上升，上升幅度也不大。全面调整后，锦州市生态安全协调度波动上升，生态安全状况有所改变。

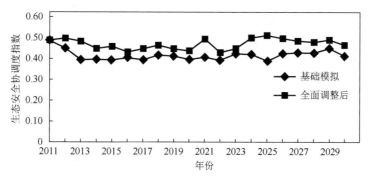

图 6-44　盘锦市生态安全演变趋势图

（6）葫芦岛市生态安全协调度演变趋势。由图 6-45 可以看出，2011～2015 年葫芦岛市生态安全协调度缓慢上升，说明略有好转，但 2016 年后呈现波动下降的趋势。葫芦岛市地处锦州湾西南部，降水量一般，空气湿度偏低，自然保护区面积也较小，工业污染排放量、生活污染排放量有所增长，环境污染治理较差。全面调整后，2018 年葫芦岛市生态安全协调度波动上升，2020～2030 年生态安全协调度平稳上升，说明生态环境得到有效控制，且生态安全状况维持得较好。

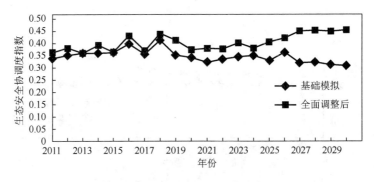

图 6-45　葫芦岛市生态安全演变趋势图

6.4　沿海生态安全保障措施

6.4.1　生态安全战略实施

辽宁省沿海地区不仅是我国重要的经济发展区域,还是我国的国防战略要地,地处国防咽喉地带,因此辽宁沿海要大力实施生态安全战略,维护生态环境健康发展。首先,要增强海洋生态安全意识,这就需要大力提高教育水平,提高整体国民素质;其次,在人海地域关系理论与海陆一体化理论的指导下,完成"海陆统筹"的生态文明建设,培养基于海陆统筹的沿海地区管理能力;再次,要发展绿色科技,大力发展绿色科技减少资源和环境破坏;另外,需要推行清洁生产,构建海洋循环经济系统,建立符合辽宁沿海地区可持续发展要求的综合决策机制;最后,随着我国国际地位的提升,要主动参与国际上有关生态安全和冲突预防机制的研究工作,为国际生态安全做出贡献。

6.4.2　人海关系调控体系建立

人海关系是人与人、人与社会、人与海洋、海洋与海洋之间的复杂关系,是人地关系的区域性体现,它们相互联系、相互发生作用,构成一个回环,如图 6-46 所示。人海关系调控体系的基本目标是促进人海关系和谐、沿海地区可持续发展。随着科学技术的提高和第三次信息技术革命的发展,人海关系调控逐渐变为依靠信息技术的管控模式,使以往的降低经济发展速度而保护生态环境的调控,变为既能快速发展经济,又能保护生态环境的管控模式,如图 6-47 所示。人海关系调控的手段主要包括人口、经济、法律、教育、行政等,主要从资源利用、污染排放、经济增长、生活健康四个方面进行调控。除此之外,当今社会发展的有限性还不能完全了解人海关系的复杂性及其生态安全诱因,人海关系调控体系仍需完善。

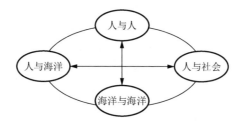

图6-46　人海关系系统组成

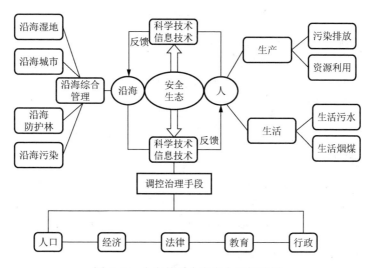

图 6-47　人海关系生态安全调控体系

6.5　小　　结

本章首先利用基于人海关系的 P-R-E-SE 模型，包括人类生活安全（P）、资源安全（R）、环境安全（E）和社会经济安全（SE）四大子系统，以辽宁海岸带为实例，通过计算得出 2011～2014 年辽宁沿海各地级市（大连市、丹东市、锦州市、营口市、盘锦市、葫芦岛市）ESI 的演变趋势，并对辽宁沿海地区每年的 ESI 进行空间差异分析；然后利用 STIRPAT 模型计算分析辽宁海岸带生态安全影响因素；再次利用系统动力学仿真模型模拟出 2011～2030 年辽宁沿海各市的生态环境状况，进而调整各个子系统的参数，对沿海地区进行模拟优化；最后基于模拟优化数据，计算辽宁沿海城市基础模拟和模拟优化后的生态安全协调度，对比结果，评价辽宁沿海六个城市的生态安全状况。由于经济快速发展，人类在沿海地区的活动频繁，为促进人海关系和谐、沿海地区可持续发展，本章末提出了沿海生态安全保障措施，有必要建立人海关系调控体系。

参 考 文 献

白雪梅，赵松山．1998．由指标的相关性引出的确定权重的方法．江苏统计，(4)：16-18.

曹瑀，王燕辉，张立强，等．2016．基于 PSR 模型的耕地生态安全时空分异特征研究——以河北省沧州市为例．水土保持研究，23（6）：290-295.

陈鹏．2007．基于遥感和 GIS 的景观尺度的区域生态健康评价——以海湾城市新区为例．环境科学学报，27（10）：1744-1752.

成都地图出版社．2010．辽宁省实用地图册．成都：成都地图出版社.

储莎，陈来．2011．基于变异系数法的安徽省节能减排评价研究．中国人口·资源与环境，21（3）：512-516.

邓观明．2017．区域海域生态环境人文影响评价方法的构建及其应用——基于状态空间法的研究．宁波：宁波大学.

樊建勇．2005．青岛及周边地区海岸线动态变化的遥感监测．青岛：中国科学院海洋研究所.

范谦，李升峰，时亚楼，等．2004．生态适宜度评价在开发区环评和环境规划中的应用．四川环境，23（2）：48-52.

方创琳，张小雷．2001．干旱区生态重建与经济可持续发展研究进展．生态学报，21（7）：1163-1170.

方创琳，周成虎，顾朝林，等．2016．特大城市群地区城镇化与生态环境交互耦合效应解析的理论框架及技术路径．地理学报，71（4）：531-550.

方伟．2016．城市经济发展与生态承载力的关系研究——以北京市为例．资源与产业，18（6）：81-86.

冯文斌，李升峰．2013．江苏省土地生态安全评价研究．水土保持通报，33（2）：285-290.

冯彦，祝凌云，郑洁，等．2016．基于 PSR 模型和 GIS 的吉林省县域森林生态安全评价及时空分布．农林经济管理学报，15（5）：546-556.

冯永忠．2006．区域生态环境演变的主导因素分离与效应强度分析．西安：西北农林科技大学.

盖美，田成诗．2006．辽宁省海岸带地区水资源空间差异分析．海洋开发与管理，23（6）：162-165.

高宾，李小玉，李志刚，等．2011．基于景观格局的锦州湾沿海经济开发区生态风险评价．生态学报，31（12）：3441-3450.

高铁梅．2006．计量经济分析方法与建模 EViews 应用及实例．北京：清华大学出版社.

格日乐．2010．马克思人与自然关系理论及其现实意义．内蒙古：内蒙古农业大学.

郭亚军．2002．综合评价理论与方法．北京：科学出版社.

韩增林，刘桂春．2007．人海关系地域系统探讨．地理科学，27：(6)：761-767.

韩增林，栾维新．2001．区域海洋经济地理理论与实践．大连：辽宁师范大学出版社.

韩增林，王茂军，张学霞．2003．中国海洋产业发展的地区差异及空间集聚分析．地理研究，22（3）：239-296.

韩增林，张耀光，栾维新，等．2004．海洋经济地理学研究进展与展望．地理学报，59（z1）：183-190.

韩增林，张耀光，栾维新．2001．关于海洋经济地理学发展与展望．人文地理，16（5）：89-92.

胡雪丽，徐凌，张树深．2013．基于 CA-Markov 模型和多目标优化的大连市土地利用格局．应用生态学报，24（6）：1652-1660.

黄宁，杨绵海，林志兰，等．2012．厦门市海岸带景观格局变化及其对生态安全的影响．生态学杂志，31（12）：3193-3202.

黄秀玲，张江海．2004．生态学马克思主义与我国的可持续发展．福州：福建师范大学.

金志丰，王健健，张宝，等．2016．陆海统筹下沿海滩涂生态系统健康评价研究．国土资源情报，(7)：51-56.

来雪慧，王佳，张丽红，等．2016．基于 PSR 模型的山西省生态安全评价研究．山东化工，43（13）：189-191.

莱斯特·R·布朗．1984．建设一个持续发展的社会．北京：科学技术文献出版社.

劳燕玲．2013．滨海湿地生态安全评价研究．北京：中国地质大学.

李桂君，李玉龙，贾晓菁，等．2016．北京市水-能源-粮食可持续发展系统动力学模型构建与仿真．管理评论，28（10）：11-26.

李华．2011．基于系统仿真和情景模拟的崇明生态安全评估．上海：华东师范大学.

李华生，徐瑞祥，高中贵，等．2005．南京城市人居环境质量预警研究．经济地理，25（5）：658-661.

林福柏．2009．福建沿海城市生态安全评价研究．厦门：厦门大学.

刘承良，颜琪，罗静．2013．武汉城市圈经济资源环境耦合的系统动力学模拟．地理研究，32（5）：857-869.

刘芳，苗旺．2016．水生态文明建设系统要素的体系模型构建研究．中国人口·资源与环境，26（5）：117-122.

刘桂春．2007．人海关系与人海关系地域系统理论研究．大连：辽宁师范大学.

刘建红．2009．武汉城市圈土地利用/覆被变化及其生态健康响应研究．武汉：华中师范大学.

刘淼，胡远满，常禹，等．2009．土地利用模型时间尺度预测能力分析——以 CLUE-S 模型为例．生态学报，29（11）：

6110-6119.

刘明华, 董贵华. 2006. RS 和 GIS 支持下的秦皇岛地区生态系统健康评价. 地理研究, 25 (5): 930-938.

刘秋波. 2014. 基于系统动力学的海岛生态安全演变研究. 大连: 辽宁师范大学.

刘铁, 康慕谊, 吕乐婷. 2013. 海南岛海岸带土地生态安全评价. 中国土地科学, 27 (8): 75-80.

刘彦随. 2006. 中国土地资源战略与区域协调发展研究. 北京: 气象出版社: 451-457.

卢志平, 汪艳梅, 王亮亮. 2016. 柳州市可持续发展系统动力学仿真. 城市问题, (6): 39-46.

栾维新, 王海英. 1998. 论我国沿海地区的海陆一体化. 地理科学, 18 (4): 342-348.

吕建树, 吴泉源, 张祖陆, 等. 2012. 基于 RS 和 GIS 的济宁市土地利用变化及生态安全研究. 地理科学, 32 (8): 928-935.

马金卫, 吴晓青, 周迪, 等. 2012. 海岸带城镇空间扩展情景模拟及其生态风险评价. 资源科学, 34 (1): 185-194.

马林, 邓观明. 2008. 基于状态空间法的区域海域生态环境人文影响评价方法的构建. 宁波大学学报, 21 (3): 407-412.

马忠强. 2011. 大连全域城市化进程中生态安全及对策研究. 大连: 大连海事大学.

毛汉英, 余丹林. 2001. 区域承载力定量研究方法探讨. 地球科学进展, 16 (4): 549-555.

欧维新, 赵丽宁, 李冉. 2014. 协调生态环境压力的区域生态用地需求模拟——以江苏省为例. 水土保持研究, 21 (4): 274-278.

彭乾, 邵超峰, 鞠美庭. 2016. 基于 PSR 模型和系统动力学的城市环境绩效动态评估研究. 地理与地理信息科学, 32 (3): 121-126.

秦晓楠, 卢小丽. 2014. 沿海城市生态安全作用机理及系统仿真研究. 中国人口·资源与环境, 24 (2): 60-68.

任阳阳, 段小红. 2016. 基于 PSR 模型的兰州市土地生态安全时空差异评价. 草原与草坪, 36 (1): 48-54.

山东省地图出版社. 2011. 辽宁吉林黑龙江内蒙古公路里程地图册. 济南: 山东省地图出版社.

孙崇智, 郑凤琴, 黄海洪, 等. 2009. 基于生态足迹的南宁市生态安全演变对气候变暖的响应. 安徽农业科学, 37 (4): 1665-1667, 1670.

孙清涛, 孙涛, 田金凤. 2005. 基于财务指标和熵权法的企业运营能力分析. 中国管理信息化, (5): 20-22.

谭春果. 2016. 超大城市生态系统健康评价及仿真研究. 北京: 首都经济贸易大学.

唐石. 2016. 生态经济视角下县域经济发展系统动力仿真研究. 统计与决策, (5): 140-143.

汪盾. 2016. 基于 "3S" 及 SD 的攀枝花市生态安全评价研究. 成都: 成都理工大学.

汪佳莉, 吴国平, 范庆亚, 等. 2015. 基于 CA-Markov 模型的山东省临沂市土地利用格局变化研究及预测. 水土保持研究, 22 (1): 212-216.

王耕. 2012. 辽河流域生态安全隐患评价与预警研究. 大连: 大连海事大学出版社.

王耕. 2013. 灾害视角下区域生态安全演变机理与方法研究——以辽河流域为例. 大连: 辽宁师范大学出版社.

王耕, 高香玲, 高红娟, 等. 2010. 基于灾害视角的区域生态安全评价机理与方法——以辽河流域为例. 生态学报, 30 (13): 3511-3525.

王耕, 刘晓青, 龚丽妍, 等. 2010. 灾害视角下基于隐患因素的生态安全演变机理与系统动力学特征. 中国安全科学学报, 20 (3): 3-8.

王耕, 孙杉. 2016. 基于状态空间法人文因素对大连市生态环境影响研究. 环境科学与管理, 41 (10): 130-136.

王耕, 王嘉丽, 龚丽妍, 等. 2013. 基于 GIS-Markov 区域生态安全时空演变研究——以大连市甘井子区为例. 地理科学, 33 (8): 957-964.

王耕, 王嘉丽, 王彦双. 2014. 基于能值-生态足迹模型的辽河流域生态安全演变趋势. 地域研究与开发, 33 (1): 122-128.

王耕, 王彦双, 王嘉丽. 2012. 辽宁双台河口湿地生态安全评价. 环境科学与管理, 37 (4): 45-52.

王吉苹, 峇涛, 薛雄志. 2016. 基于系统动力学预测厦门水资源利用和城市化发展. 生态科学, 35 (6): 98-108.

王晶. 2016. 石家庄产业生态系统可持续演进仿真研究. 北京: 中国地质大学.

王丽霞, 任志远. 2005. 黄土高原边缘地区生态安全评价与分析——以山西大同市为例. 干旱区研究, 22 (2): 251-256.

王婷睿. 2014. 农业供应链金融系统动力学仿真研究. 沈阳: 沈阳农业大学.

王伟武. 2005. 杭州城市生活质量的定量评价. 地理学报, 60 (1): 151-157.

王彦彭. 2008. 中部六省环境污染与经济增长关系实证分析. 企业经济, (8): 84-88.

王彦双. 2013. 辽宁沿海地区生态安全时空评价与分析. 大连: 辽宁师范大学.

王友生, 余新晓, 贺康宁, 等. 2011. 基于 CA-Markov 模型的藉河流域土地利用变化动态模拟. 农业工程学报, 27 (12): 330-336.

王玉良. 2016. 河北省海洋资源环境承载力研究. 石家庄: 河北师范大学.

乌云嘎, 聂艳, 罗毅, 等. 2015. 湖北省耕地生态安全时空演变特征研究. 江汉大学学报 (自然科学版), 43 (4): 317-322.

吴传钧. 1991. 论地理学的研究核心——人地关系地域系统. 经济地理, 1991 (3): 1-6.

吴传钧. 2008. 人地关系与经济布局: 吴传钧文集. 北京: 学苑出版社.

吴传钧, 刘建一, 甘国辉. 1997. 现代经济地理学. 南京: 江苏教育出版社.

吴振信, 余頔, 王书平. 2011. 人口、资源、环境对经济发展的影响-基于我国省区面板数据的实证分析. 数学的实践与认识, 41 (12): 33-38.

肖笃宁, 陈文波, 郭福良. 2002. 论生态安全的基本概念和研究内容. 应用生态学报, 13 (3): 354-358.

谢高地, 鲁春霞, 冷允法, 等. 2003. 青藏高原生态资产的价值评估. 自然资源学报, 18 (2): 189-196.

熊建新, 陈端吕, 彭保发, 等. 2016. 洞庭湖区生态承载力时空动态模拟. 经济地理, 36 (4): 164-172.

修丽娜. 2011. 基于 OWA-GIS 的区域生态安全评价研究. 北京: 中国地质大学.

徐建华. 2001. 现代地理学中的教学方法. 北京: 高等教育出版社.

徐升华, 吴丹. 2016. 基于系统动力学的鄱阳湖生态产业集群"产业-经济-资源"系统模拟分析. 资源科学, 38 (5): 871-887.

徐盈之, 孙剑. 2009. 环境承载力的区域比较与影响因素研究: 来自我国省域面板数据的经验分析. 经济问题探索, (5): 1-6.

许端阳, 佟贺丰, 李春蕾, 等. 2015. 耦合自然-人文因素的沙漠化动态系统动力学模型. 中国沙漠, 35 (2): 267-275.

许文来, 张建强, 赵玉强, 等. 2007. 成都市生态环境与社会经济协调发展分析. 灾害学, 22 (1): 129-133.

闫世忠, 常贵晨, 丛林. 2009. 《辽宁沿海经济带规划》解读. 中国工程咨询, (11): 42-44.

杨浩雄, 李金丹, 张浩, 等. 2014. 基于系统动力学的城市交通拥堵治理问题研究. 系统工程理论与实践, 34 (8): 2135-2143.

杨俊, 解鹏, 席建超, 等. 2015. 基于元胞自动机模型的土地利用变化模拟——以大连经济技术开发区为例. 地理学报, 70 (3): 461-475.

杨青生, 乔纪纲, 艾彬. 2013. 快速城市化地区景观生态安全时空演化过程分析——以东莞市为例. 生态学报, 33 (4): 1230-1239.

杨小鹏. 2007. 陕西省环境与经济协调发展模型评价研究. 西安: 陕西师范大学.

姚佳, 王敏, 黄沈发, 等. 2014. 海岸带生态安全评估技术研究进展. 环境污染与防治, 36 (2): 81-87.

于潇, 吴克宁, 郧文聚, 等. 2016. 三江平原现代农业区景观生态安全时空分异分析. 农业工程学报, 32 (8): 253-259.

俞金国, 王丽华. 2009. 试论人海地域空间相互作用关系及协调对策. 海洋开发与管理, 26 (11): 49-54.

张兵, 邓卫. 2011. 基于 DPSIR 模型的经济圈交通网络评价指标体系. 华东交通大学学报, 28 (4): 7-13.

张继权, 伊坤朋, Hiroshi T, 等. 2011. 基于 DPSIR 的吉林省白山市生态安全评价. 应用生态学报, 22 (1): 189-195.

张景奇. 2007. 辽东湾北岸岸线变迁与土地资源管理研究. 长春: 东北师范大学.

张磊. 2015. 基于系统动力学模型的区域生态安全仿真与调控. 甘肃: 西北师范大学.

张梦婕, 官冬杰, 苏维词. 2015. 基于系统动力学的重庆三峡库区生态安全情景模拟及指标阈值确定. 生态学报, 35 (14): 4880-4890.

张青青, 徐海量, 樊自立, 等. 2012. 基于玛纳斯河流域生态问题的生态安全评价. 干旱区地区, 35 (3): 479-486.

张腾, 张震, 徐艳. 2016. 基于 SD 模型的海淀区水资源供需平衡模拟与仿真研究. 中国农业资源与区划, 37 (2): 29-36.

张晓霞, 程嘉熠, 陶平, 等. 2016. 近岸海域多环芳烃生态系统动力学模型及生境影响. 中国环境科学, 36 (5): 1540-1546.

张雄. 2016. 基于系统动力学的天津市水土资源可持续利用研究. 北京: 北京林业大学.

张耀光, 刘锴, 王圣云. 2006. 关于我国海洋经济地域系统时空特征研究. 地理科学进展, 25 (5): 47-56.

张云. 2008. 基于系统动力学的生态安全评价与调控研究. 石家庄: 河北师范大学.

张志军. 2012. 基于遥感技术的青海湖流域生态安全评价研究. 西宁: 青海师范大学.

郑赫然. 2016. 民勤县社会生态系统困局及其调控研究. 北京: 北京林业大学.

钟昌标. 2010. 人文因素对城市化海域生态环境变化的影响与控制模式研究. 北京: 经济科学出版社.

钟兆站. 1997. 中国海岸带自然灾害与环境评估. 地理科学进展, 16 (1): 44-50.

周炳中, 杨浩, 包浩生, 等. 2002. PSR 模型及在土地可持续利用评价中的应用. 自然资源学报, 17 (5): 541-548.

周春. 2016. 基于系统动力学的农业生态经济实证分析——以"渔猪沼果"生态循环模式为例. 山东农业大学学报 (社会科学版), 18 (03): 98-103.

周文华，王如松. 2005. 城市生态安全评价方法研究——以北京市为例. 生态学杂志，24（7）：848-852.

朱晓丽，李文龙，薛中正，等. 2012. 基于生态安全的高寒牧区生态承载力评价. 草业科学，29（2）：198-203.

左丽君，徐进勇，张增祥，等. 2011. 渤海海岸带地区土地利用时空演变及景观格局响应. 遥感学报，15（3）：604-620.

左伟，周慧珍，王桥. 2003. 区域生态安全评价指标体系选取的概念框架研究. 土壤，35（1）：2-7.

Ahmed N，Occhipinti-Ambrogi A，Muir J F. 2013. The impact of climate change on prawn postlarvae fishing in coastal Bangladesh：Socioeconomic and ecological perspectives. Marine Policy，39（3）：224-233.

Burkett V. 2011. Global climate change implications for coastal and offshore oil and gas development. Energy Policy，39（2）：7719-7725.

Cinner J E，Mcclanahan T R，Graham N A J. 2012. Vulnerability of coastal communities to key impacts of climate change on coral reef fisheries. Global Environmental Change，22（1）：12-20.

Costanza R，d'Arge R，Groot R，et al. 1997. The value of the world's ecosystems services and natural capital. Nature，387：253-260.

David G，Leopold M，Dumas P S. 2010. Integrated coastal zone management perspectives to ensure the sustainability of coral reefs in New Caledonia. Marine Pollution Bulletin，61（7-12）：323-334.

Dumanski J，Pieri C. 1997. Application of the pressure-state-response framework for the land quality indicators（LQI）programme. FAO Land and Water Bulletin，（1）：25-26.

Fitzpatrick M，Smith K，Belousek D W，et al. 1999. The quantum cellular automaton as a Markov process. Solitons&Fractals，10（8）：1375-1386.

Griffin C，Ellis D，Beavis S，et al. 2013. Coastal resources，livelihoods and the 2004 Indian Ocean tsunami in Aceh Indonesia. Ocean & Coastal Management，71（71）：176-186.

Harvey H. 1988. Natural security. Nuclear Times，（3-4）：24-26.

Iago O，Martí B，Joan D T. 2013. Social-ecological heritage and the conservation of mediterranean landscapes under global change：a case study in Olzinelles（Catalonia）. Land Use Policy，（30）：25-37.

Malczewski J. 2006. Integrating multicriteria analysis and geographic information systems：the ordered weighted averaging（OWA）approach. International Journal of Environmental Technology and Management，6（1）：7-19.

Malczewski J. 2006. Ordered weighted averaging with fuzzy quantifiers：GIS based multi-criteria evaluation for land-use suitability analysis. International Journal of Applied Earth Observation and Geo information，8（4）：270-277.

Mathews J T. 1989. Redefining Security. Foreign Affairs，68（2）：162-177.

Myers N. 1994. Ultimate security：the environmental basis of Political stability. Foreign Affairs，73（2）：142.

Otero I，Boada M，Tàbara J D. 2013. Social-ecological heritage and the conservation of Mediterranean landscapes under global change：A case study in Olzinelles（Catalonia）. Land Use Policy，30（1）：25-37.

Pirages D. 1997. Demographic change and ecological security. Environmental Change and Security Program Report，（3）：37-38.

Rees W E. 1992. Ecological footprint and appropriated carrying capacity：what urban economics leaves out. Environment and Urbanization，4（2）：121-130.

Rogers K S. 1997. Ecological security and multinational corporations，Environmental Change and Security Program Report，（3）：29-36.

Virginia Burkett. 2011. Global climate change implications for coastal and offshore oil and gas development. Energy Policy，（39）：7719-7725.

Wackernagel M，Rees W E. 1996. Our ecological footprint，reducing human impact on the earth. Gabriela Island：New Society Publishers.

Wan L Y，Aris A Z，Ismail T，et al. 2013. Elemental hydrochemistry assessment on its variation and quality status in Langat River，Western Peninsular Malaysia. Environmental Earth Sciences，70（3）：993-1004.

William D. Pattison. 1964. 地理学的四大传统. 汤茂林译. Journal of Geography，63：211-216.

York R，Rosa E A，Dietz T. 2003. STIRPAT，IPAT and IMPACT：Analytic tools for unpacking the driving forces of environmental impacts. Ecological Economics，46（3）：351-365

附录 A 辽宁沿海生态安全系统模型主要参数表

系统	参数	解释
人口子系统	NR/‰	人口自然增长率
	UBR/%	城市化率
	MIR/‰	迁入率
	M0R/‰	迁出率
	SR/%	大学生增长率
社会经济子系统	RG1/%	第一产业增长率
	RG2/%	第二产业增长率
	RG3/%	第三产业增长率
资源子系统	HCAR/%	住房建筑面积增长率
	FIR/%	耕地面积增长率
	FDR/%	耕地面积减少率
	PCWR/（m³/a）	人均水资源量
	DWPR/%	生活污水处理率
	COM/%	水资源可开采率
	NRAR/%	自然保护区面积增长率
环境子系统	POEP/%	环境保护投资占 GDP 比例
	PSWO/t	人均生活垃圾产生量
	HIR/%	生活垃圾无害化处理率
	SWCUR/%	固体废物综合利用率
	POWITS/%	废水入海比例
	UCWPS/%	单位废水污染海洋系数

附录 B 大连市模型模拟主要方程式

(01)FINAL TIME=2030

Units:a

The final time for the simulation.

(02)GDP=第一产业产值+第三产业产值+第二产业产值

Units:RMB10^8元

(03)INITIAL TIME=2011

Units:a

The initial time for the simulation.

(04)SAVEPER=TIME STEP

Units:a

The frequency with which output is stored.

(05)TIME STEP=1

Units:a

The time step for the simulation.

(06)万人在校大学生数=(在校大学生数/总人口)×10 000

Units:人

(07)人口增长量=总人口×自然增长率

Units:10^4人

(08)人口密度=国土面积/(总人口×10 000)

Units:人/km^2

(09)人均 GDP=GDP/总人口

Units:10^4元

(10)人均住房建筑面积=城市住房建筑面积/城镇人口

Units:m^2

(11)人均水资源量=400

Units:m^3

(12)人均生活污水排放量=200

Units:m^3

(13)人均粮食产量=粮食总产量/总人口

Units:t

(14)人均耕地面积=耕地面积/总人口

Units:hm^2

(15)住房建筑面积增量=住房建筑面积增长率×城市住房建筑面积

Units:10^4m^2

(16)住房建筑面积增长率=0.02

Units:**undefined**

(17)减少率=0

Units:**undefined**

(18)单位 GDP 废气排量=0.6

Units:10^8m^3

(19)单位固废处理投资=0.025

Units:10^8元

(20)单位工业产值固废产生量=0.56

Units:10^4t

(21)单位工业产值废水产生量=10.234

Units:10^4t

(22)单位废气处理投资=0.01

Units:10^8元

(23)单位废水处理投资=0.0021

Units:10^8元

(24)单位面积粮食产量=7

Units:t/hm^2

(25)可开采率=0.5

Units:**undefined**

(26)可用水资源量=(水资源总量×可开采率)+(生活污水处理率+生活污水排放量)

Units:10^4m^3

(27)固体废物综合利用率=0.02

Units:**undefined**

(28)固废产生量=工业固废产生量

Units:10^4t

(29)固废处理总投资=固废投资占环保总投入比×环保投入

Units:10^8元

(30)固废处理量=固废处理总投资/单位固废处理投资

Units:10^4t

(31)固废循环利用量=固废总量×固体废物综合利用率

Units:10^4t

(32)固废总量=INTEG(固废产生量-固废处理量，517.98)

Units:10^4t

(33)固废投资占环保总投入比=0.2

Units:**undefined**

(34)国土面积=12574

Units:km^2

(35)在校大学生数= INTEG (大学生增长量，25.5)

Units:人

(36)城市住房建筑面积= INTEG (住房建筑面积增量，12 000)

Units:10^4m^2

(37)城镇人口=城镇化率×总人口

Units:10^4 人

(38)城镇化率=0.68

Units:**undefined**

(39)增长率=-0.008

Units:**undefined**

(40)大学生增长率=0.021

Units:**undefined**

(41)大学生增长量=在校大学生数×大学生增长率

Units:10^4 人

(42)失业人口=失业率×总人口

Units:10^4 人

(43)失业率=0.027

Units:**undefined**

(44)工业固废产生量=单位工业产值固废产生量×第二产业产值

Units:10^{4t}

(45)工业废水排放量=单位工业产值废水产生量×第二产业产值

Units:10^4t

(46)废气处理总投资=废气投资占环保总投入比×环保投入

Units:10^8 元

(47)废气处理量=废气处理总投资/单位废气处理投资

Units:10^4t

(48)废气总量=INTEG(废气排放量-废气处理量，2871)

Units:10^8m^3

(49)废气投资占环保总投入比=0.2

Units:**undefined**

(50)废气排放量=GDP*单位 GDP 废气排量

Units:10^8m^3

(51)废水入海比例=0.6

Units:**undefined**

(52)废水处理总投资=废水投资占环保总投入比×环保投入

Units:10^8 元

(53)废水处理量=废水处理总投资/单位废水处理投资

Units:10^4t

(54)废水总量=INTEG (废水排放量-废水处理量，26153)

Units:10^4t

(55)废水投资占环保总投入比=0.3

Units:**undefined**

(56)废水排入海洋总量=废水入海比例×废水总量

Units:10^4t

(57)废水排放量=工业废水排放量

Units:10^4t

(58)总人口=INTEG(人口增长量+迁入人口-迁出人口，588.5)

Units:10^4 人

(59)水资源总量=191300

Units:10^4m^3

(60)水资源承载力=可用水资源量/人均水资源量

Units:10^4 人

(61)环保投入=GDP×环境保护投资占 GDP 比例

Units:10^8 元

(62)环境保护投资占 GDP 比例=0.023

Units:**undefined**

(63)生活污水处理率=0.9

Units:**undefined**

(64)生活污水排放量=人均生活污水排放量×总人口

Units:$10^4 m^3$

(65)第一产业产值=INTEG(第一产业产值增长量，395.5)

Units:10^8 元

(66)第一产业产值占 GDP 比例=第一产业产值/GDP

Units:**undefined**

(67)第一产业产值增长量=第一产业产值×第一产业增长率

Units:10^8 元

(68)第一产业增长率=0.03

Units:**undefined**

(69)第三产业产值=INTEG(第三产业产值增长量，2550)

Units:10^8 元

(70)第三产业产值占 GDP 比例=第三产业产值/GDP

Units:**undefined**

(71)第三产业产值增长量=第三产业产值×第三产业增长率

Units:10^8 元

(72)第三产业增长率=0.06

Units: **undefined**

(73)第二产业产值=INTEG(第二产业产值增长量，3204)

Units:10^8 元

(74)第二产业产值占 GDP 比例=第二产业产值/GDP

Units:**undefined**

(75)第二产业产值增长量=第二产业产值×第二产业增长率

Units:10^8 元

(76)第二产业增长率=0.034

Units:**undefined**

(77)粮食总产量=单位面积粮食产量×耕地面积

Units:10^8t

(78)系=0.045

Units:**undefined**

(79)耕地面积= INTEG (耕地面积增长量-耕地面积减少量，28.7)

Units:$10^4 hm^2$

(80)耕地面积减少量=减少率×耕地面积

Units:$10^4 hm^2$

(81)耕地面积增长量=增长率×耕地面积

Units:$10^4 hm^2$

(82)自然保护区增长率=0.008

Units:**undefined**

(83)自然保护区面积= INTEG (自然保护区面积增长量，1969.64)

Units:km^2

(84)自然保护区面积增长量=自然保护区增长率×自然保护区面积

Units:km^2

(85)自然保护区面积覆盖率=自然保护区面积/国土面积

Units:**undefined**

(86)自然增长率=表(Time)

Units:**undefined**

(87)表函数([(2011，0.005)(2030，0.1)]，(2011，0.0022)，(2012，0.0012)，(2013，0.0002(2014，0.0034)，(2015，0.005)，(2017，0.005)，(2020，0.005)，(2024，0.005)，(2026，0.005)，(2028，0.005)，(2030，-0.005))

Units:**undefined**

(88)迁入人口=总人口×迁入率

Units:10^4 人

(89)迁入率=0.005

Units:**undefined**

(90)迁出人口=总人口×迁出率

Units:10^4 人

(91)迁出率=0.003

Units:**undefined**

(92)近岸海域污染面积=废水排入海洋总量×系

Units:km